高等院校设计类专业辅导教材

十五天玩转

手绘自由表现·室内篇

Master Interior Hand-drawing Free Performance in 15 Days

北京七视野文化创意发展有限公司　策划

丛书主编/刘程伟　周贯宇　张盼　王雪垠　本册主编/刘程伟　朱婕

中国建筑工业出版社
CHINA ARCHITECTURE & BUILDING PRESS

图书在版编目（CIP）数据

十五天玩转手绘自由表现·室内篇/刘程伟，朱婕本册主编. —北京：中国建筑工业出版社，2015.1
（高等院校设计类专业辅导教材）

ISBN 978-7-112-17432-4

Ⅰ.①十… Ⅱ.①刘…②朱… Ⅲ.①室内装饰设计-绘画技法 Ⅳ.①TU204

中国版本图书馆CIP数据核字（2014）第256360号

责任编辑：费海玲　杜一鸣

责任校对：李欣慰　关健

高等院校设计类专业辅导教材

十五天玩转手绘自由表现·室内篇

北京七视野文化创意发展有限公司　策划
丛书主编：刘程伟　周贯宇　张盼　王雪垠
本册主编：刘程伟　朱　婕

*

中国建筑工业出版社出版、发行（北京西郊百万庄）
各地新华书店、建筑书店经销
北京方嘉彩色印刷有限责任公司印刷

*

开本：787×1092毫米　1/12　印张：17 1/3　字数：323千字
2015年1月第一版　2015年1月第一次印刷
定价：70.00元

ISBN 978-7-112-17432-4
（26256）

序言

众所周知，在设计行业中，审美能力、观察能力、表现能力、沟通技能等都是很重要的专业素质，良好的手绘表现能力更是一个设计师的必备素养。手绘自由表现不仅是一种呈现设计成果的手段，更是一种行之有效的，能让设计师提高审美能力、观察能力，培养艺术家一样的敏锐度的绝佳途径。与如今大受青睐和追捧的电脑渲染相比，它更注重创意的捕捉与推敲，注重设计活动过程。在设计的过程中，手绘帮助设计师抓住转瞬即逝的灵感，使设计更有创意；在与业主交流的时候，手绘帮助设计师充分地传达想法，使沟通更高效。因此，手绘不仅仅是一项技能，也是一门博大精深、值得人孜孜以求的艺术。

如今市面上关于手绘表现的书层出不穷，然而千篇一律的内容已然形成固化模式，让初学者难以取舍。这种模式化，主要体现在两点，一是不能“因材施教”，用同样的手法去指导所有的学生，画得都一样，最终的结果也是严重同质化的，这样就丧失了手绘的艺术性。固有的表现手法，看似能让人快速入门，但以失去个性为代价，是得不偿失的。一种表现手法如果泛滥成灾，对于设计这个因创意、个性和活力而繁荣的领域来说，将是一个令人担忧的悲剧，二是画面没有特点，不能充分表达自己的个性与独到的理解，手绘从某种意义上就是为了传达和表现，若画面毫无特色，也将让人不知所云。

手绘具有如此举足轻重的地位，那么如何去练习？在此笔者提几点个人见解。第一，方法很重要。我们常说的“勤学苦练”，也是说要勤学方法，再苦练求进步的。如果方法不当就盲目苦练，只会让我们离正确的目标越来越远。因此笔者建议，在手绘学习中，初学者可以先博采众长，大量阅览各种风格类型的作品，提高眼界的同时，也能找到适合自己个性的风格，可谓一石二鸟。找准自己的风格定位后，选择相对应的表现语言，再将自己的想法融入其中，自然就事半功倍。第二，练习的过程中尽量找到手绘和兴趣的结合点，若都画专业领域里的东西，久了不免枯燥，失去了绘画的乐趣，也难以坚持练习。所以不妨试着表现自己喜欢的东西，不带目标也没有压力地去绘画。敞开心扉，跟着自己的直觉走，假以时日，就一定能找到属于你自己的表现语言。第三，要有持之以恒的学习精神。在技能不够熟练的时候，我们往往难以随心所欲、淋漓尽致地表达出自己想要的效果，但只要方法正确了，持之以恒地付出，最终一定是有志者，事竟成，让量变走向质变！

据了解，“七手绘”是新锐的、充满活力和朝气并日臻成熟的艺术教育机构，其教育理念走在行业的前沿——注重手绘的多元化发展，崇尚个性、拒绝模式化。这些理念非常贴合当今教育的需求，并让我们有理由相信：人人都是艺术家，人人都能有独特的创意！从创办之初到如今的蓬勃发展，“七手绘”一直以满腔的热情投入对艺术教育的深入思考和研究中，注重“因材施教”，注重对个性的培养，更注重用艺术教育激发正能量、挖掘人的深层潜力。有这样的发展导向，相信会有不错的未来！

笔者翻阅本书数遍，也与作者交谈良久，发现本书内容翔实，确实贯彻了反模式化的理念。文字和图画虽然静默无言，却不难看出作者的立场和坚持，这一点，是在后辈青年们中实属难得。故作此序，以勉励广大的青年同志、同学竞相学习，共同进步！

前言

在一个思维活动整体中，手绘能捕捉瞬间即逝的灵感、记录自己的想法，帮助设计师进行方案推敲并与业主进行便捷沟通，向甲方展现最终的效果，每一步都体现了手绘自由表达无可替代的作用以及重要性。儿童涂鸦、艺术家速写创作、插画动画师人物场景设定、设计师概念的推敲、创意师文案的表达，这些都可以统称为手绘自由表达，而不能简单地定义为手绘快速表现。一旦理解为快速表现，那就少了很多手绘表达的多样性与灵活性，所以在此叫做手绘自由表达。它是手与思维最紧密的结合，最完美的同步。手绘快速表现这一概念从来没有人去质疑，使得许多新手认为手绘只要快就行，而手绘表达，其中最重要的是灵活自由的表达，如果忽略了自由这一便捷性的概念，那就积累不了许多经验，表达事物都流于形式。从笔者多年的教学经验得出，必须重新审视手绘表达，将手绘的自由性发挥得淋漓尽致。手绘自由表达不仅仅是一种表达手段，更是思维推敲演练的最佳媒介，手绘自由表达更重要的目的是表达我们的思维，将脑子里瞬间即逝的灵感火花捕捉住，自由表达强调的是随时、随地、随意。

手绘自由表达的四大功能：

1. 捕捉性：生活中瞬间即逝的灵感
2. 记录性：旅行中的所见所闻
3. 沟通性：工作中的思维沟通利器
4. 展示性：思维活动成果展现

而现在大部分人只重视手绘的展示性功能，这无异于捡了芝麻丢了西瓜。

如今市面上关于表现类别的书籍层出不穷，诸如线条的练习、单体的刻画等相关技能的讲解，以只掌握了许多表面技巧而变得模式化，忽略了手绘的灵活性与趣味性，没有能力与意识自由地表达思想、记录自己脑海中的准确想法。

反模式化：目前许多相关的培训班把手绘效果图表现性这一次要功能发挥得尽善尽美，而忽略自由的表达，那么应运而生的各种模式就出现了，在此我们呼吁广大手绘学习及爱好者应当尽情、随意、自由地描绘自己的生活艺术。

设计思维的爆发阶段与艺术创作的草图速写阶段类似，所以手绘自由表达的艺术性、自由性、随机性对活跃设计思维的作用是巨大的，手绘草图能激发与开拓设计者的思维空间、想象力与创造力，唤醒设计的欲望，设计表达应从重视技术转到思维与技法的完美结合，即强调表现设计思维由产生到结果的层层递进关系上来。图像表达的多样性就体现在构思的各个阶段，手绘自由表达应更侧重草图技能与创意分析图等方面的积累。作为设计师，徒手草图能力是一项十分重要的专业技能，是不可以丢弃的，许多设计师仅仅只用电脑去表达，以至于许多方案设计起来很被动。另外随着业主的文化素质逐渐提高，对设计的艺术性以及合理性的要求越来越高，并不是简单看一下逼真的电脑效果图便会满意的，手绘自由表达是持之以恒的事情，它的作用主要体现在用手绘自由表达、记录生活想法的过程中，潜移默化地提高审美能力、艺术设计素养，改善人们观察生活的方式，养成良好的习惯。

本书使用说明

这是一本实用、高效的教程型手绘表现书籍。传统的手绘都以量作为突破的硬道理，但"七手绘"教研组在众多艺术教育专家、高校教授指导下，经过长期教学实践和研究已总结出一套与时俱进的高效练习方法。传统的手绘线稿练习都是先画单体，再画完整图的逻辑进行教学，虽绝大部分人能画出精细的单体，但还是难以画出满意的空间线稿，主要原因在于画完整图前没有熟练的结构线、装饰线练习和透视空间比例意识。上色时只能画出固定的效果而不能充分表达设计，模式化手绘表现方式限制了设计者。

针对上述问题，"七手绘"将课程章节内容及顺序进行了革新：

1. 每章节前有一页原理图，用于理清学习思路、逻辑关系及章节要点，并附有时间表，用于控制练习时间和数量，书中范例有详细的分析讲解，对您手绘的进步速度有至关重要的作用。

2. 章节特点及优势

第一章：线。通过多种练线方法了解线的本质，熟练结构线与装饰线，为之后的透视练习打下良好基础，找到适合自己个性的线条。

第二章：空间透视。在透视练习中重点强化透视意识和观察方法，让有限的练习起到事半功倍的效果，运用结构线参照法、空间比例推敲法，能根据平、立面图精准地画出人视图和鸟瞰图。

第三章：室内元素。在元素练习中重点了解自然形式规律，不同元素有不同的绘制要领，各个攻破。

第四章：线稿处理。以强烈的透视意识和各类型的元素作为基础，在画完整图时对线稿进行处理的多种方法更加易懂易学，课程中剖析画面本质问题，授课过程效率极高而且轻松愉快。

第五章：马克表现。与传统的马克笔上色不同，课程讲解色彩本质问题：色彩原理，深入分析马克笔笔法和性能，并大力研究和改进工具，运用各种"神器"弥补马克笔的不足之处，可以绘制出各种各样的画面效果。

经过"七手绘"反模式化训练能让您学会多元化的表现方式；能让设计的特点和创意得到充分表达；能大大增强您的创意能力。

目录

Contents

第一章 线

第一节 线的本质

笔者将线条的练习概念分为结构线与装饰线。结构线可以理解为物体的外轮廓线、空间透视线。其作用为稳固形体、统一画面、贯穿空间，是画面的骨架。所以结构线需要干净利索、肯定、坚实有力。装饰线包括物体的肌理刻画、细节刻画、质感刻画等装饰处理，是画面的血肉。

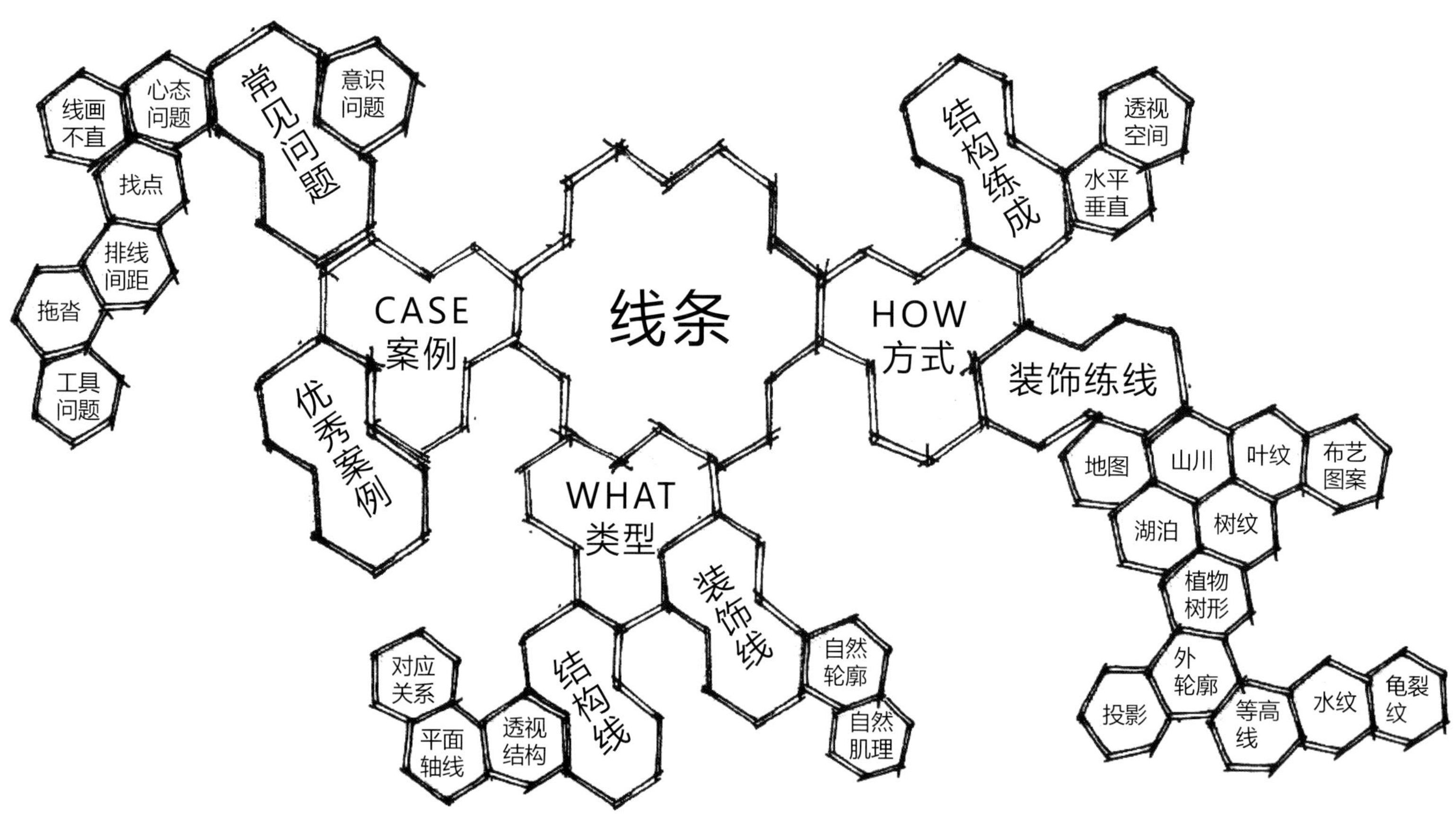

线条分为结构线与装饰线，在练习结构线与装饰线时有对应的练习方法，在课堂中进行优秀案例分析与常见问题分析。

练习内容	时间	纸张数	天数
平行垂直线	3 小时	10 张	共一天
透视结构线	3 小时	10 张	
装饰肌理线	4 小时	20 张	

第二节 握笔原则

2.1 错误握笔

初学者的握笔姿势会显得很僵硬，握笔的方式不对，画线时也会影响效果。比如线的方向、速度、力度都会减弱。不当的握笔姿势如写字一样容易遮挡视线。（图 1）

2.2 中短线握笔

画中线时需要动手腕，短线只需动手指。画长短不一的线条需灵活运用关节点的位置，将笔尖所画区域暴露于视野之中，让眼睛能看见笔尖的走势，让作画者能精准控制线条的长短与间距。（图 2）

2.3 长线握笔

画长线的两种用力方式。悬浮式：保持手指与腕部、肘部支点不动，围绕肩关节运动。肘部支点式：手指与手腕保持不动，围绕肘支点运动。（图 3）

◀ 画长线肘部支点

◀ 画长线肘部支点

◀ 画长线肘部悬浮

▲ 图 1

▲ 图 2

▲ 图 3

第三节 常见问题

3.1 问题心理分析

3.1.1 线的认识问题：认为画线只要直就好，画线的时候只把注意力集中在线条本身，孤立画线时很直，一旦在透视空间画线就不敢画。或者画的线飘、磨蹭、不肯定，线条的练习目的在于灵活自如地控制线条。

3.1.2 不敢画：害怕线条不直，所以画得很纠结，不肯定，不敢概括。画线时要勇于突破心理障碍，在试错中成长。

3.1.3 磨线：害怕画不准，一点一点地磨，导致线条琐碎。画线时应干净利索。

3.1.4 飘线：控制不了线条长度，画线头重脚轻，起笔与落笔不肯定。画线应目标点明确，养成找点画线的习惯。

3.2 错误案例分析

3.2.1 此图的用笔拖沓，磨的痕迹太多，个别线条透视方向出现错误。直线用笔时要快速、利落、不磨、不拖沓、力度感强。 ▶

3.2.2 此图的垂直线与水平线均不够到位，排列装饰线时没有把控好间距及疏密关系。标准的一点透视里，要保持线条的垂直与水平。 ▶

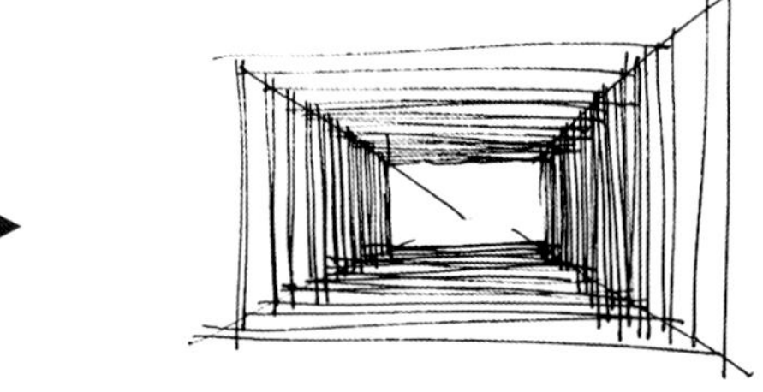

3.2.3 此图的建筑物的装饰线没有按照建筑结构走。地面透视线完全忽略近大远小的透视规律。排线时应按照透视方向有规律地排线，并保持适当的间距。过多的装饰线会减弱结构线的效果，此时应再次强调结构线。 ▶

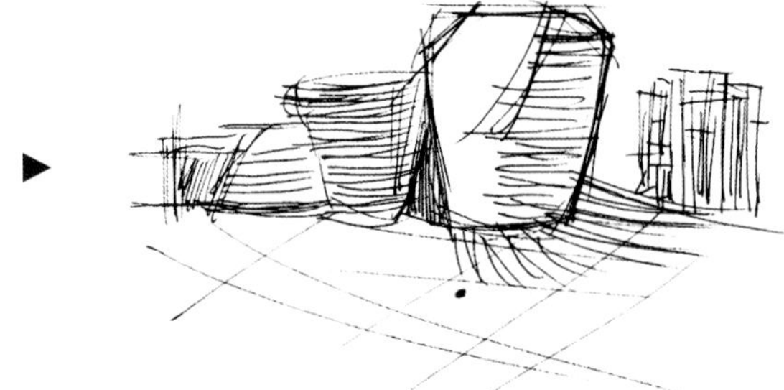

3.2.4 此图的左右两个灭点不在同一条水平线上，要注意排线疏密，注意间距与变化，遵循近疏远密的关系。 ▶

第四节 练习方式

4.1 结构线练习方式

4.1.1 平行垂直轴线练习法

此方法可以解决画线胆怯、握笔姿势错误、心情浮躁等问题，不断练习可以加强对线的控制力，能快速自如地画出平面结构图。

4.1.2 透视结构线练习方式

此方法练习积累到一定数量能快速准确地在透视空间中画线，同时能了解透视规律。

一点 ▶

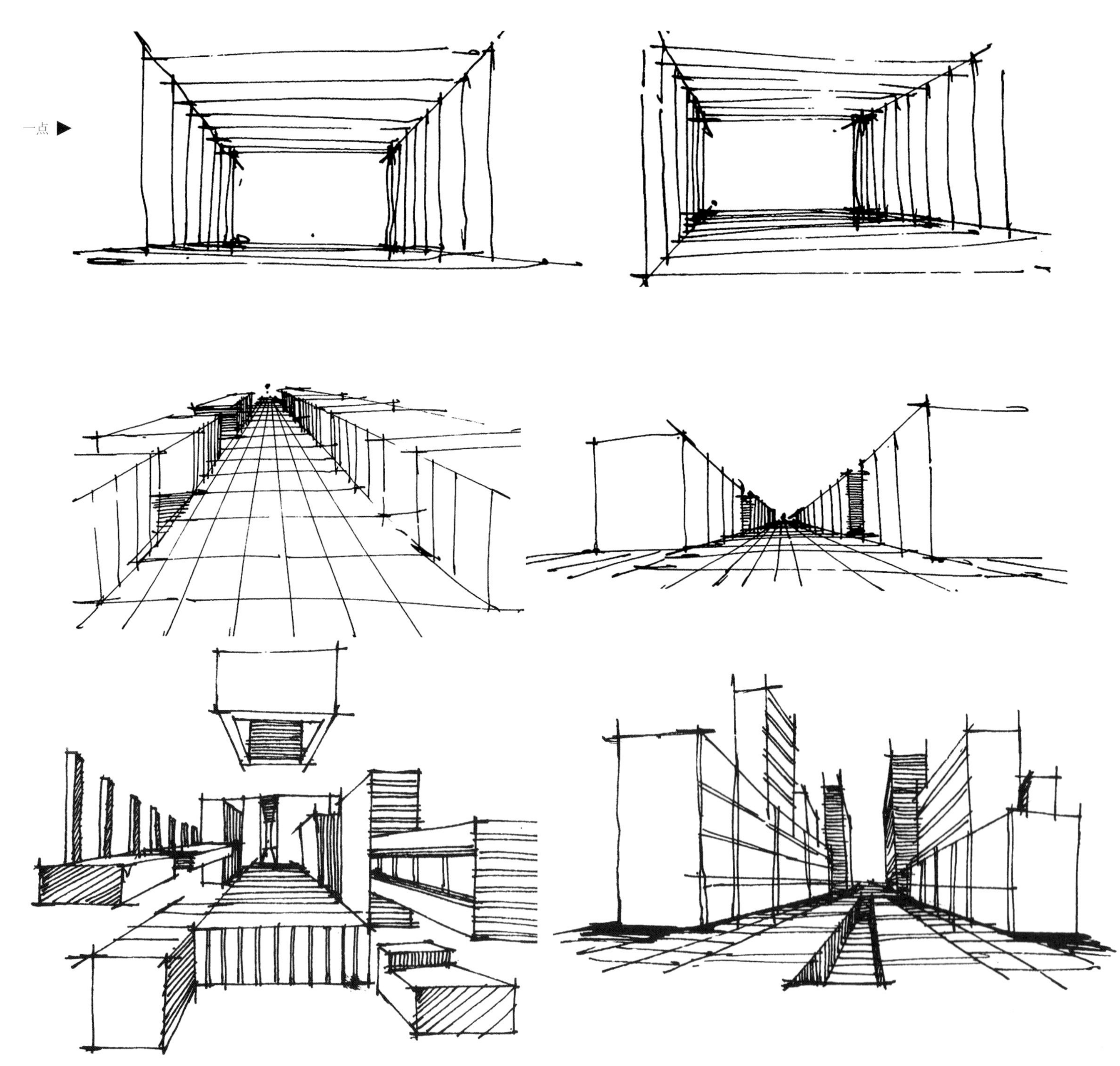

两点 ▶

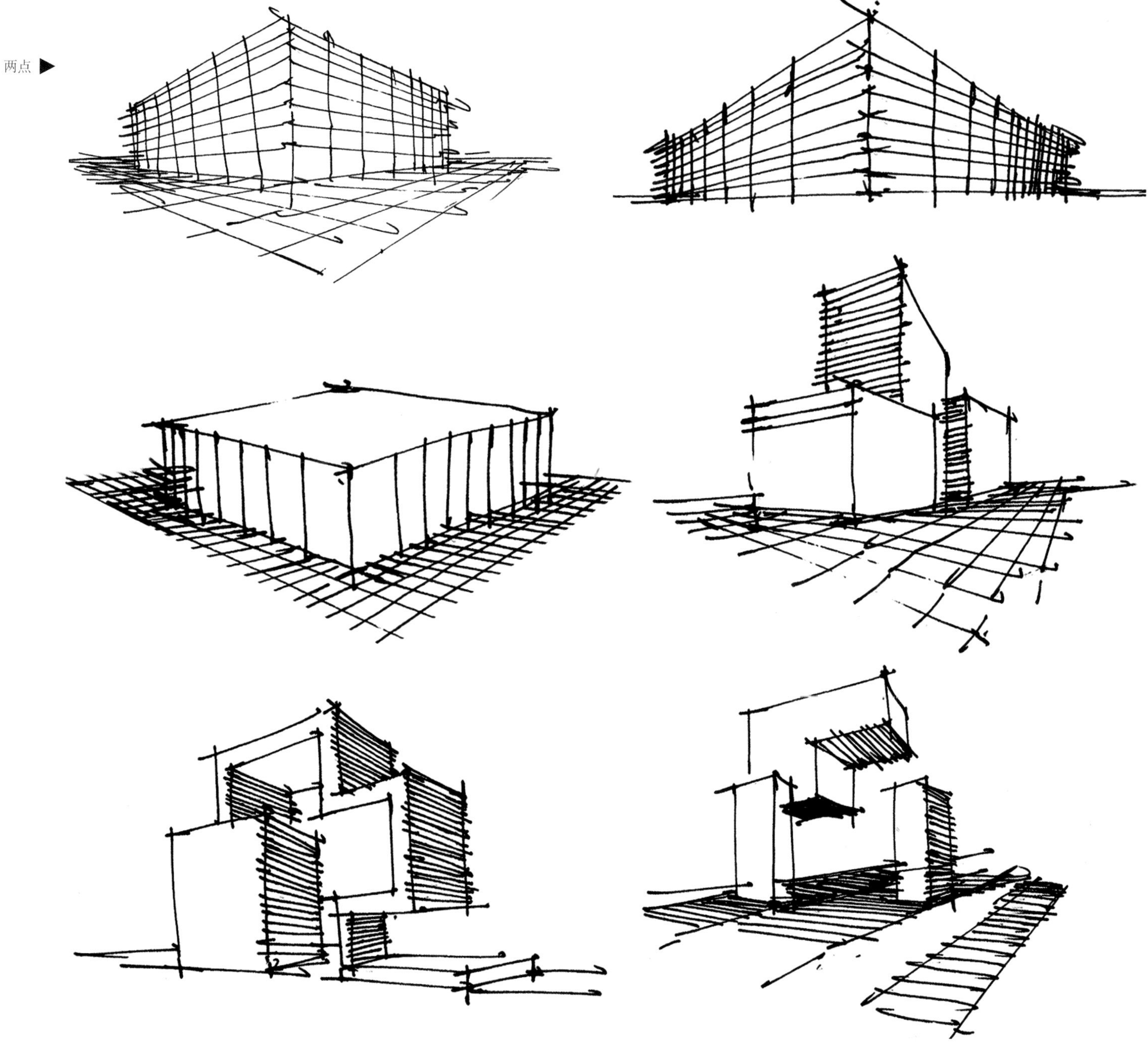

4.2 装饰线练习方式

4.2.1 肌理线练习

熟悉不同材质外表的肌理感，可以锻炼线条表达细节的材质感与疏密关系。

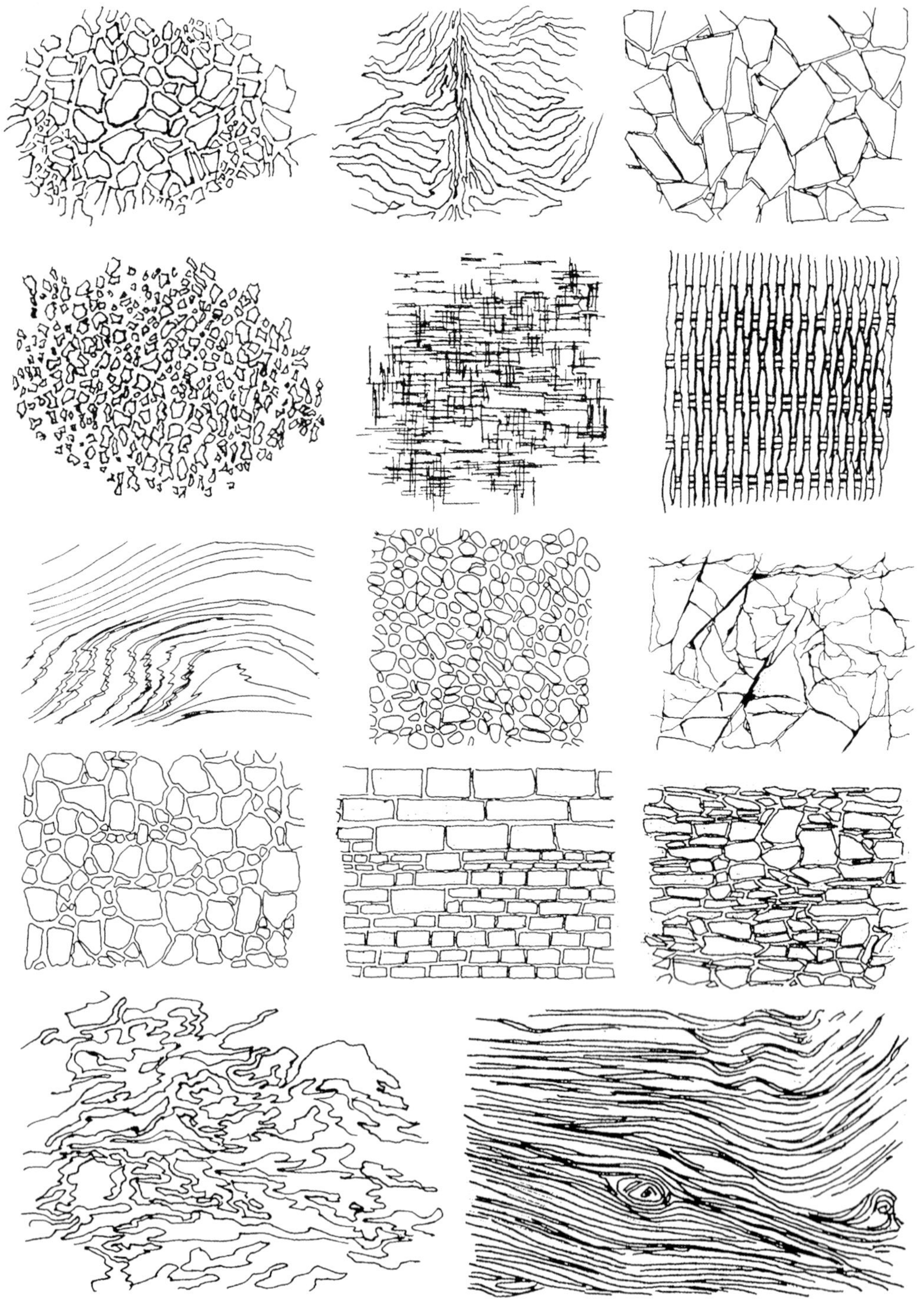

4.2.2 轮廓节奏线练习（1）

此方法可以解决画线缺乏节奏感的问题。自然物体外轮廓都具备疏密、轻重、缓急等节奏感，只有反复用画笔寻找不同物体的外轮廓节奏感，徒手画出的轮廓线才有自然美感。

4.2.2 轮廓节奏线练习（2）

4.2.3 投影线练习

此方法能有效解决排线问题，认识线的本质作用，同时能快速地熟练透视规律。

练习几何体明暗关系时要注意控制线条的疏密、匀称等问题。

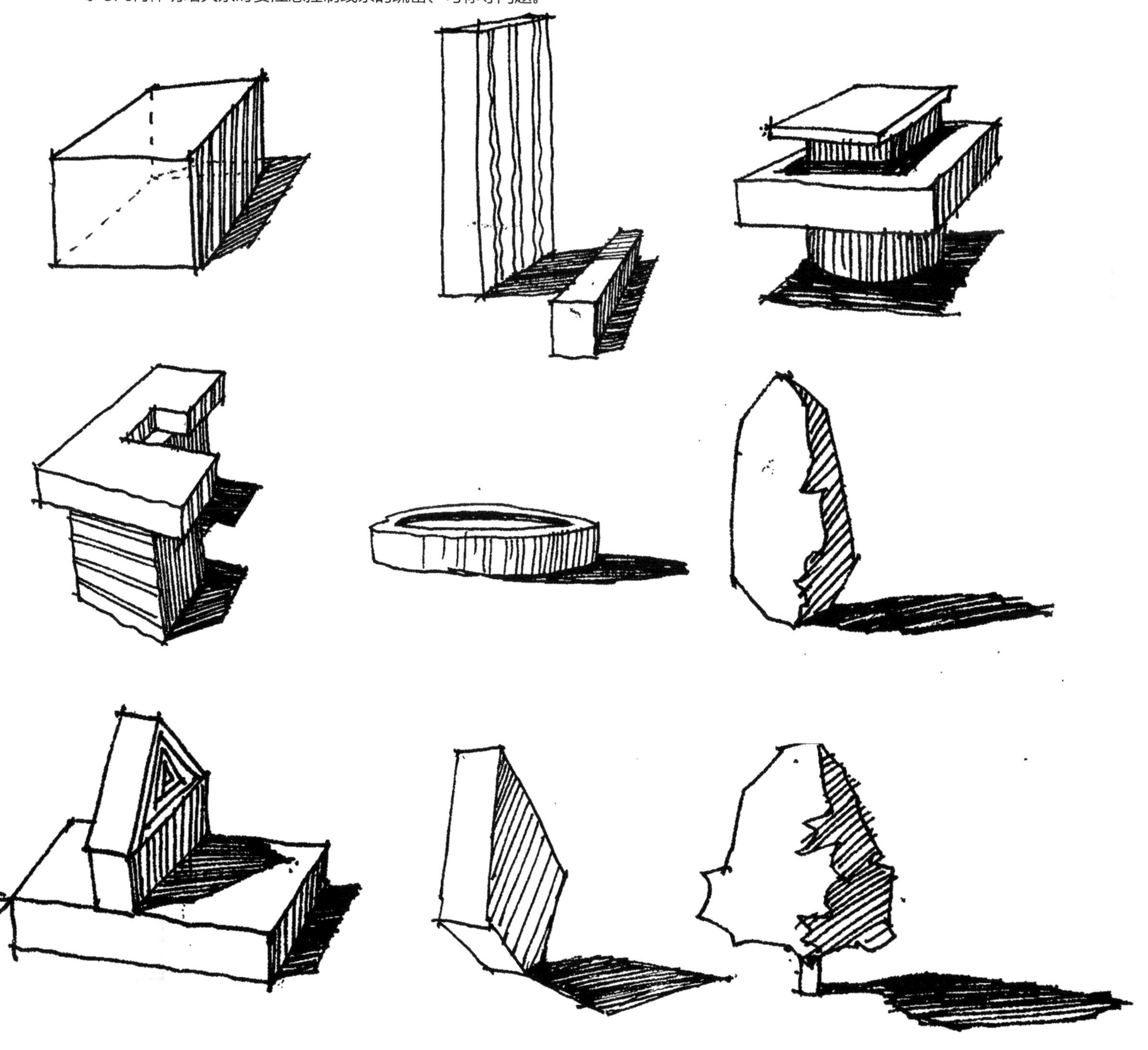

第二章　空间透视

第一节 要点架构

透视分为一点、两点、三点透视，对其规律进行精细讲解，针对不同透视会有不同的观察方法和练习方法，后面会进行优秀案例分析与常见问题分析。

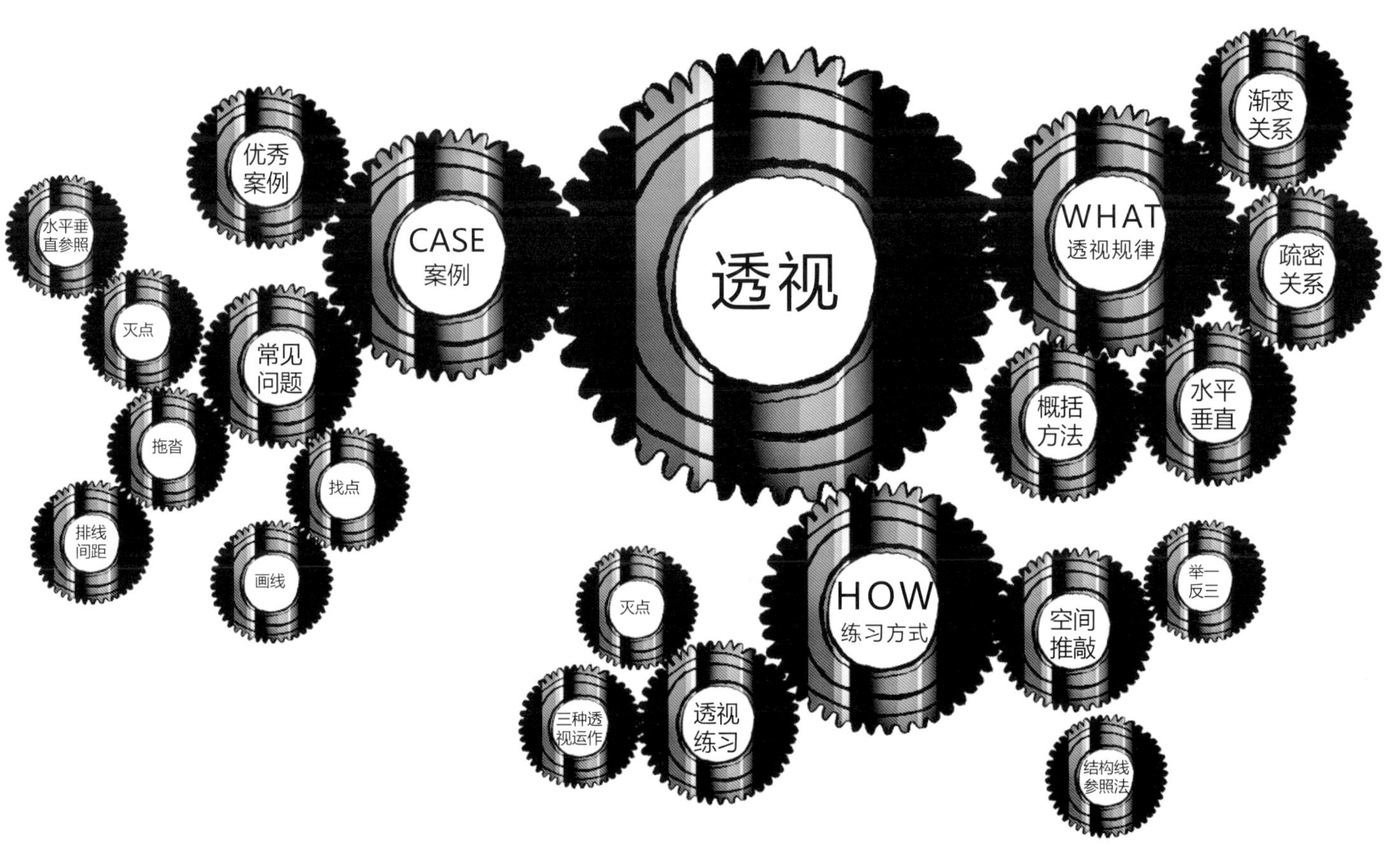

练习内容	时间	纸张数	天数
一点透视	10 小时	20 张	共三天
两点透视	10 小时	20 张	
空间推敲	10 小时	10 张	

七手绘

第二节 一点透视

2.1 一点透视规律

画面只有一个消失点、画面中垂直的线永远垂直、水平线永远水平，近大远小、近疏远密、万线归宗。

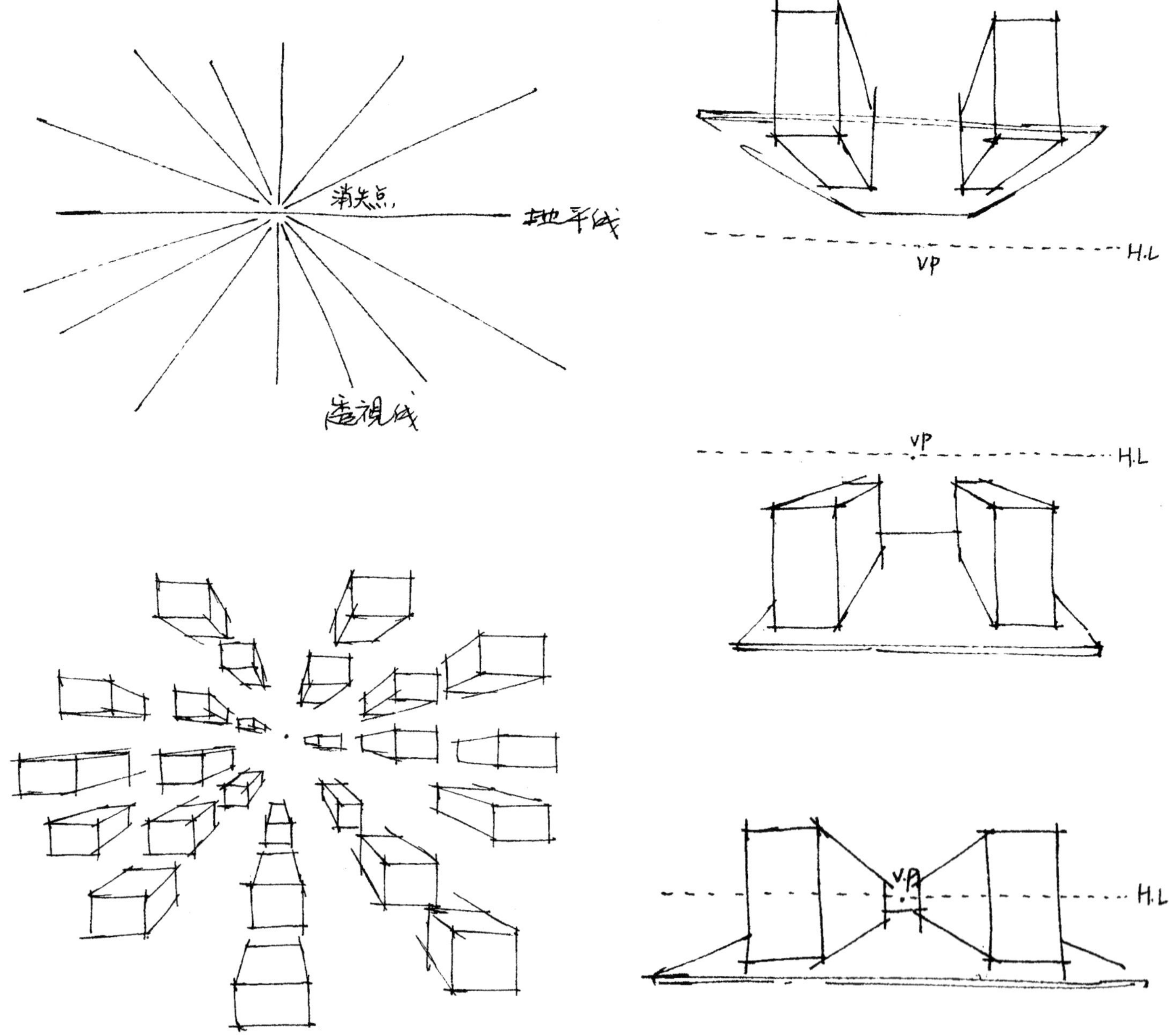

2.2 一点透视练习方式（1）

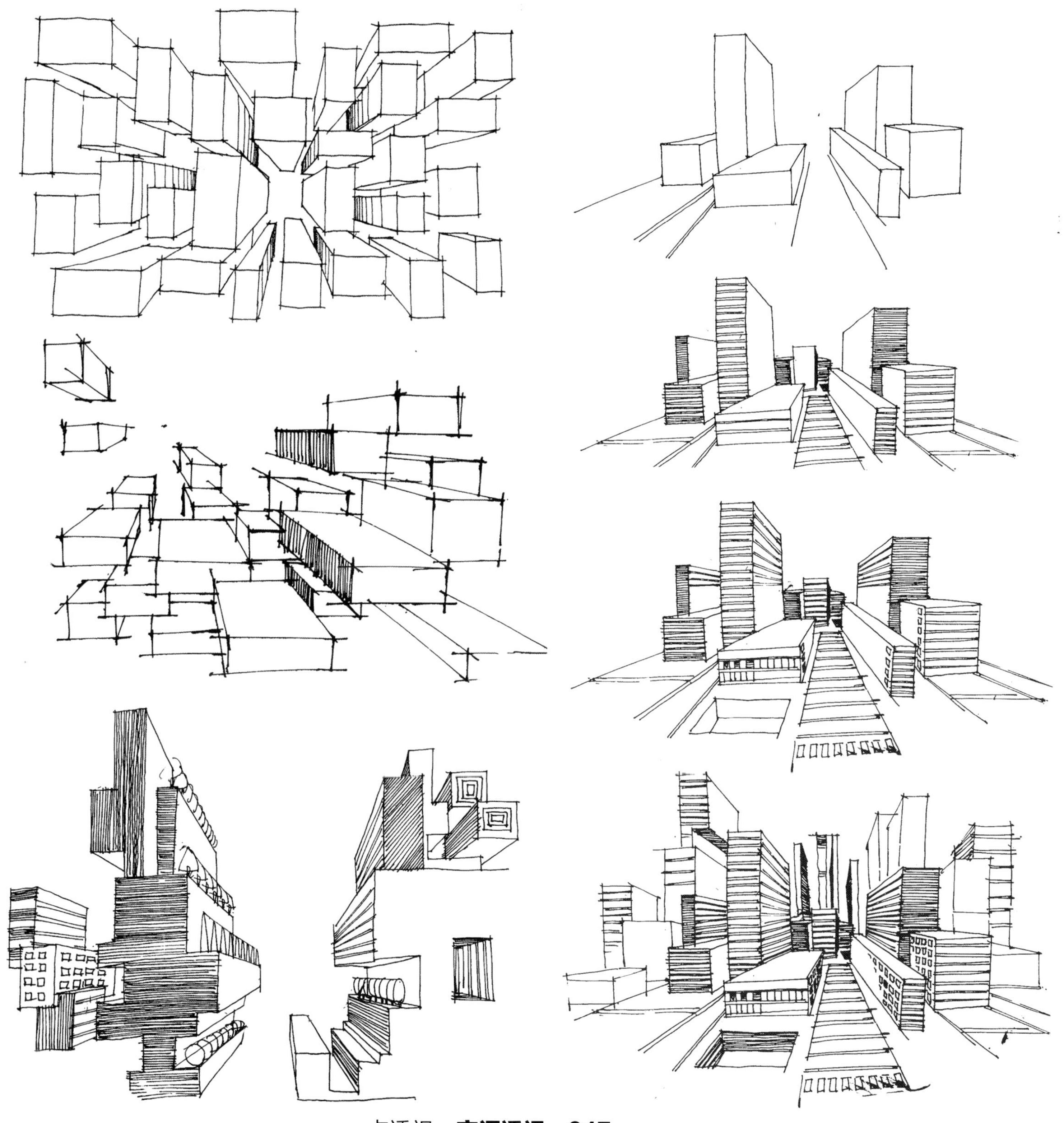

2.2 一点透视练习方式（2）

第三节 两点透视

3.1 两点透视规律

两点透视空间中的物体与画面产生一定的角度，物体中处于同一面的结构线分别向左右两个灭点消失，空间中垂直线永远垂直，近大远小、近疏远密、左右透视线渐变消失于灭点。

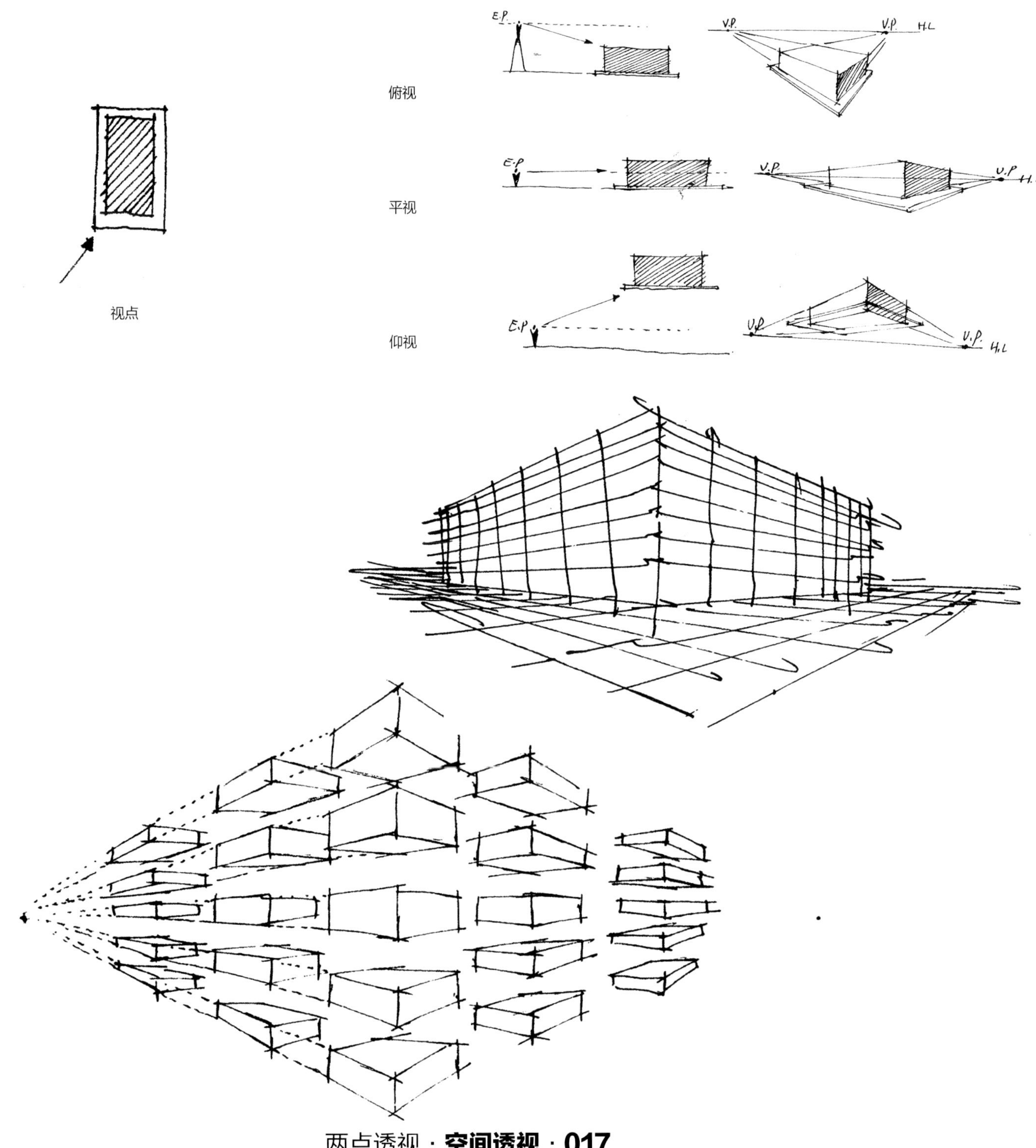

3.2 两点透视练习方式

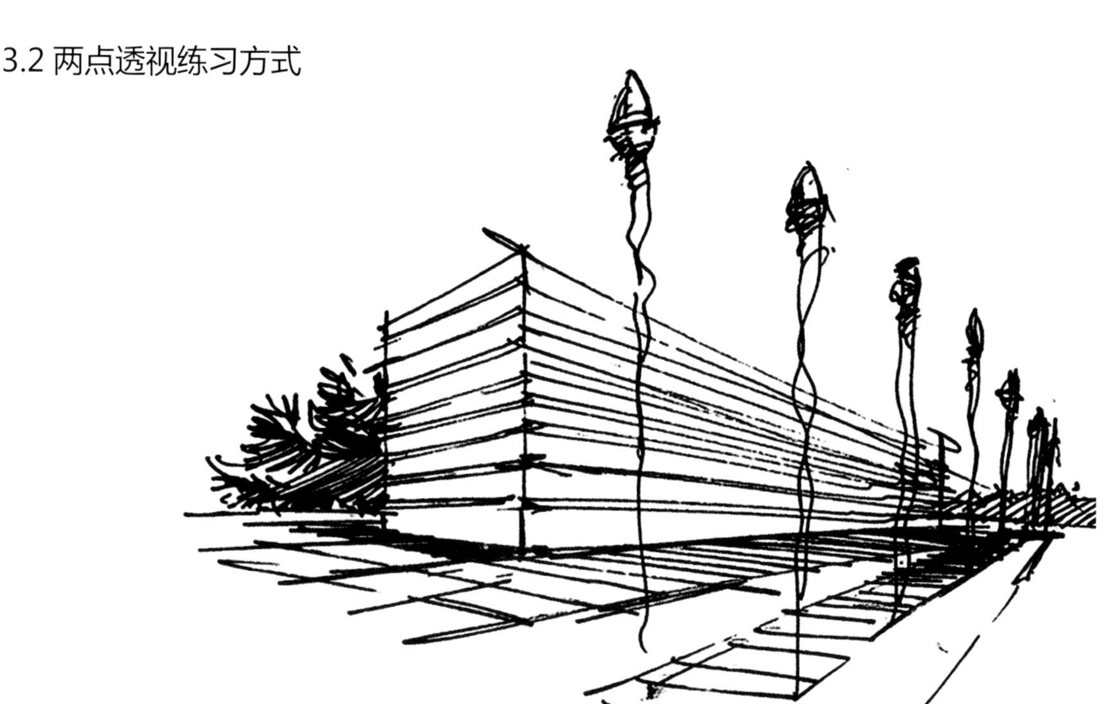

此两点透视练习方法是通过控制两端灭点在画面中的不同位置变化，在不同的视点高度上用结构线提高透视方向线条的控制力。

此两点透视练习方法是通过对某一灭点的控制摆脱画面对另一灭点的依赖，凭借练习的熟练程度来加强对画面透视的整体把控。

第四节 空间推敲

空间推敲案例（1）

平面图向透视图转换时，应在已建立好的透视底面中，结合平面尺寸数据，找出平面图中对应点的位置，再通过一点透视或两点透视规律结合立面尺寸数据生成立体空间透视图。这一方法的掌握是创作者设计及空间转换思维能力的体现，所以掌握此方法尤为重要。

在平面图生成透视图的过程中，可把不规则平面图理解为不同的正方形的组合，以正方形平面为例。

一点透视：视角越低变形越大，上下距离被压缩的程度就越大，顶边线与纵深线之间的开角也就会越大，不要把正方形的平面图生成透视图时画成长方形的透视图。一点透视中的物体水平与垂直在方向上不发生变化，正方形的中点是对角线的交点，依照中点原则即可定出透视图中和平面图对应的不同位置点。一经确定一个物体的高度，其他物体的高度则可通过透视延伸线来确定。

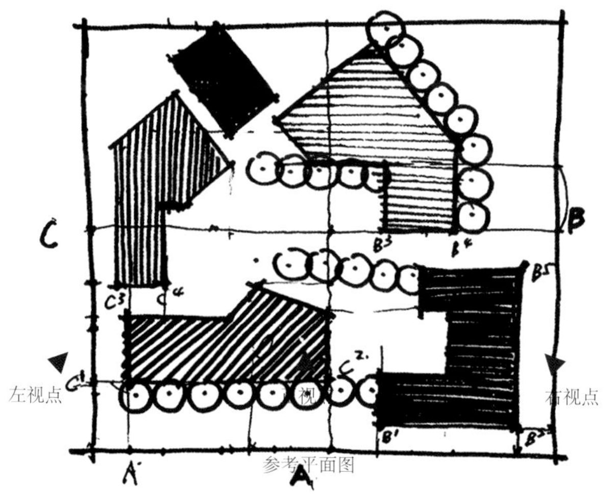

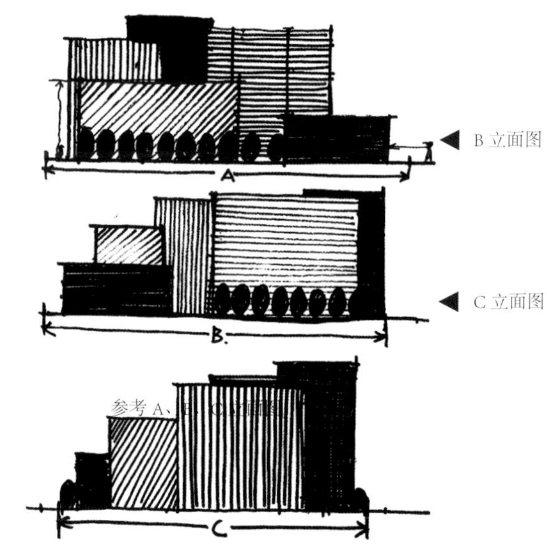

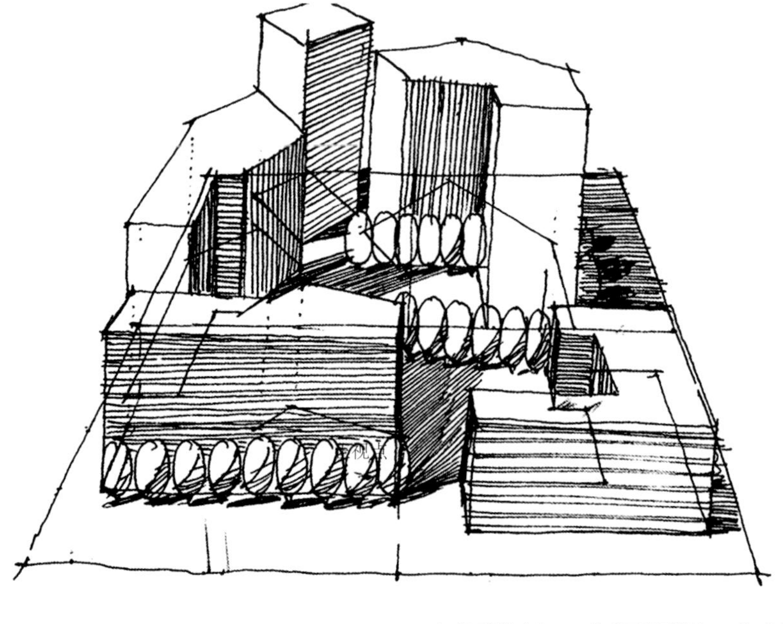

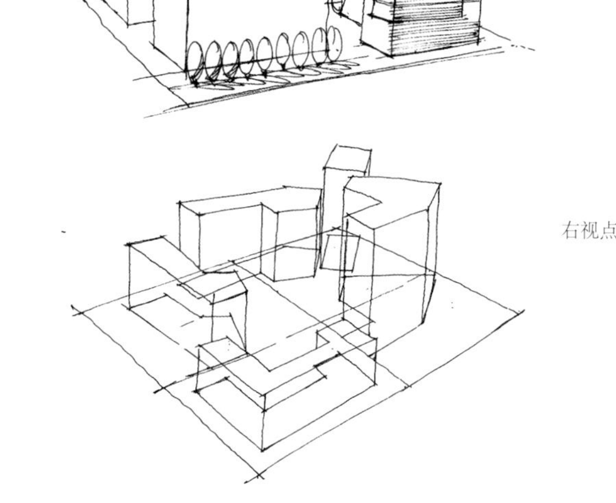

空间推敲案例（2）

两点透视：视角越低变形越大，上下距离被压缩的程度就越大，距离最近的两条边线的开角也就会越大。不要把正方形的平面图生成透视图时画成长方形的透视图。两点透视中物体的垂直方向不发生变化，正方形的中点是对角线的交点，依照中点原则即可定出透视图中和平面图对应的不同位置点。一经确定一个物体的高度，其他物体的高度则可通过透视延伸线来确定。

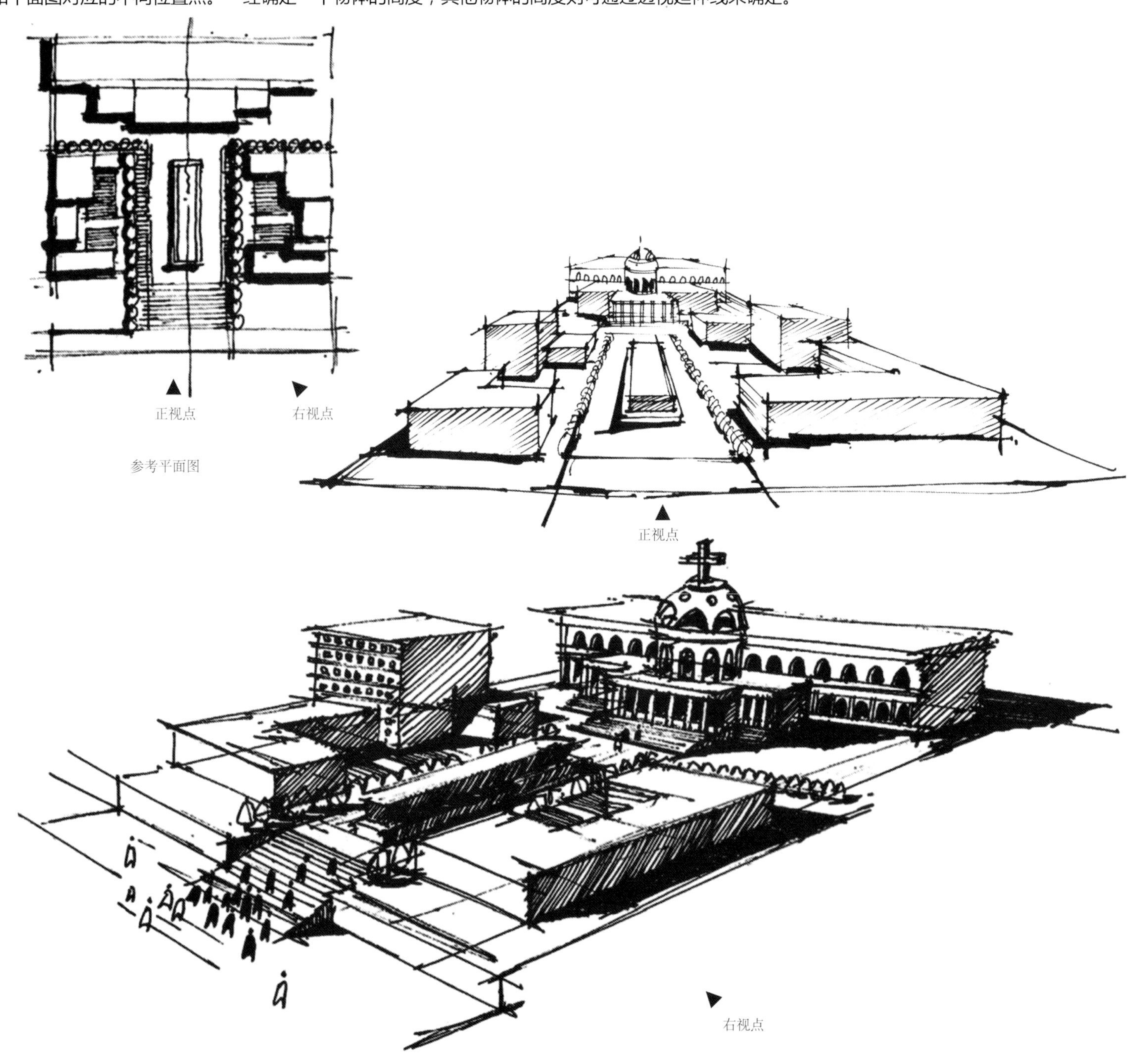

空间推敲案例（3）

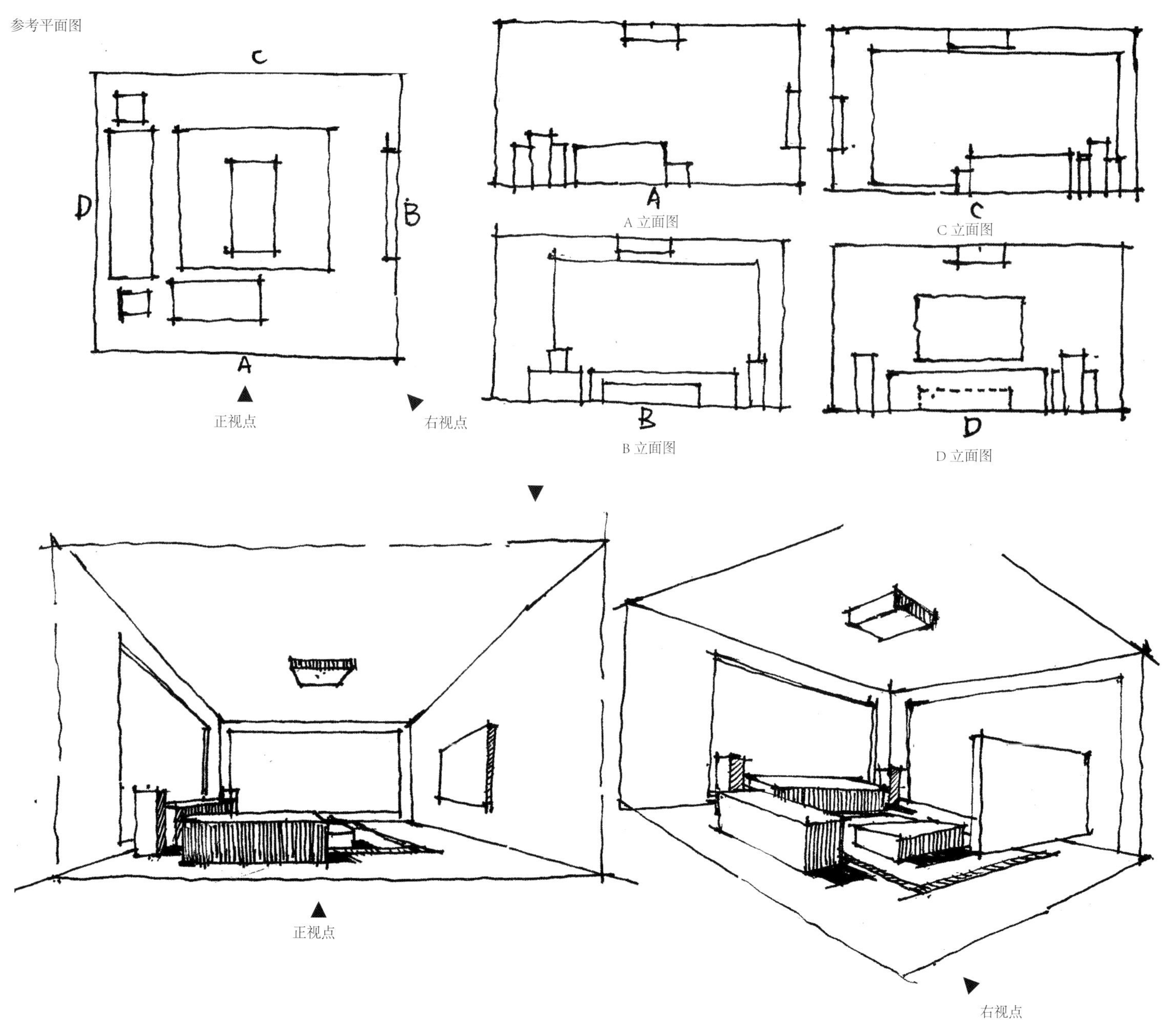

第五节 常见问题

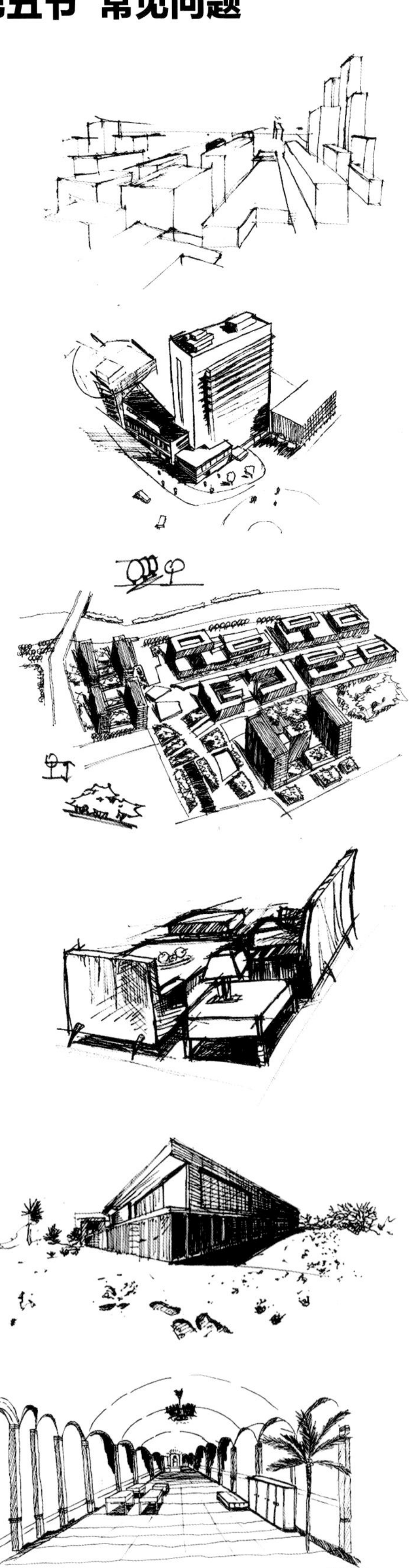

◀ 画线问题

画线不肯定，不敢快速肯定下笔，应在勇敢试错中快速进步。

◀ 找点问题

目标点不明确容易画错位置关系，画线可以先找到目标点，比画几次后肯定地起笔落笔。

◀ 排线间距问题

排线间距不均匀容易出现画面乱的状况，排线间距的不同可以区分不同的面。排线时先稳后快。

◀ 拖沓问题

这个问题是习惯造成的，习惯重复磨线，容易破坏形体结构，且显得不自信。画图要时刻提醒自己不能磨线。

◀ 灭点问题

两点透视左右灭点应该保持在同一水平线上。

◀ 水平线与垂直线参照问题

容易画歪的主要原因是没有整体地观察，水平线或垂直线可以参照纸面边界线。

第三章 室内元素

第一节 元素要点架构

第二节 元素形式规律

第三节 常用元素临摹

第四节 室内节点临摹

第一节 元素要点架构

在室内元素收集与练习中，要注意归纳和概括不同家具、配饰的形体组合关系。规则型的家具、自由型的家具以及不同的配饰品的形态特征要概括和提炼。室内元素更注重透视规律的把握。需要对小单体的体块透视加强练习。

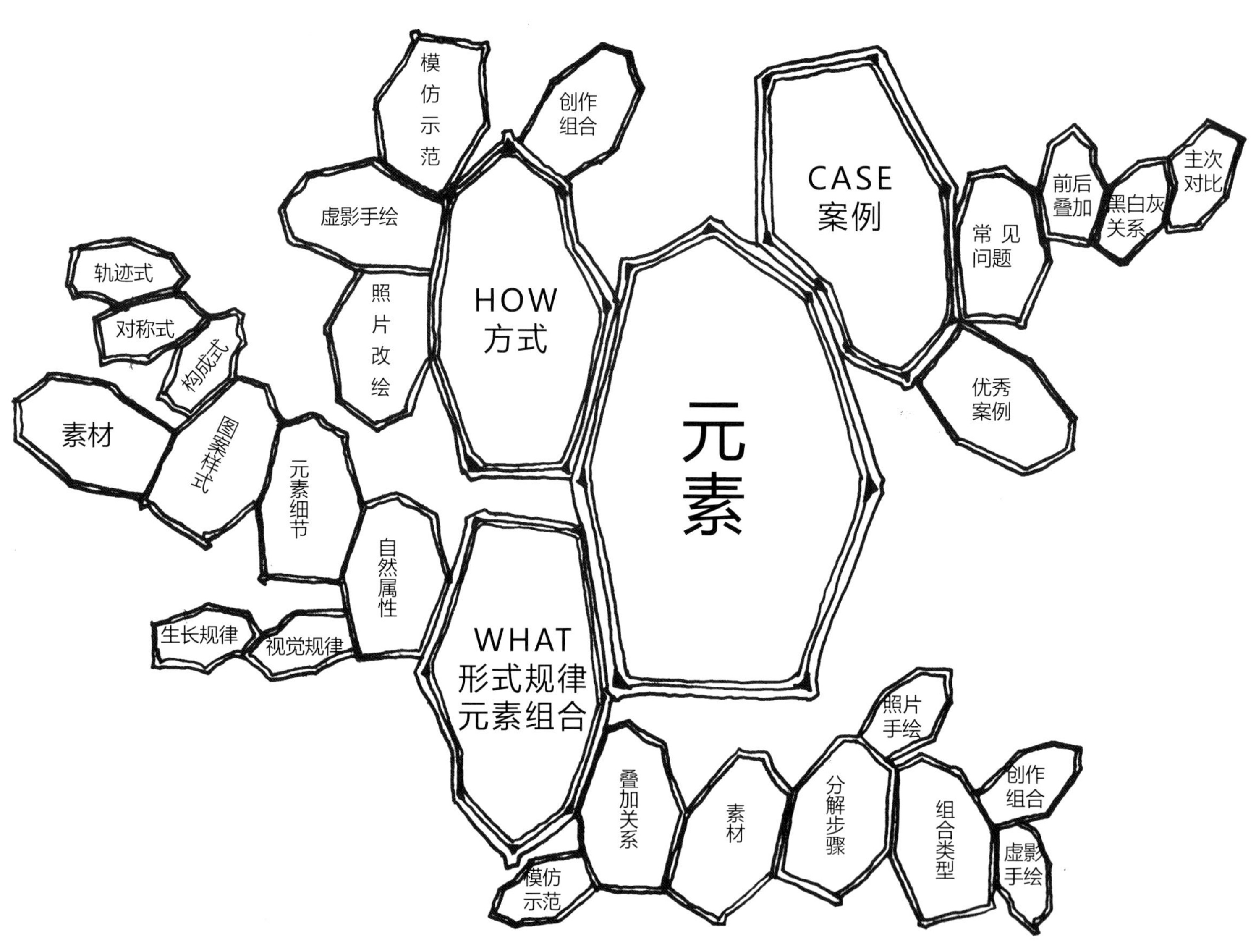

练习内容	时间	纸张数	天数
家具组合	6 小时	20 张	共两天
布艺、植物	6 小时	10 张	
节点	8 小时	20 张	

第二节 元素形式规律

2.1 平面图元素规律

室内平面图作为设计的重点，要注重空间尺度感与室内家具的摆放关系。关键还是对平面图例元素的熟练掌握。并结合相应的空间需求，进行不同的家具搭配。

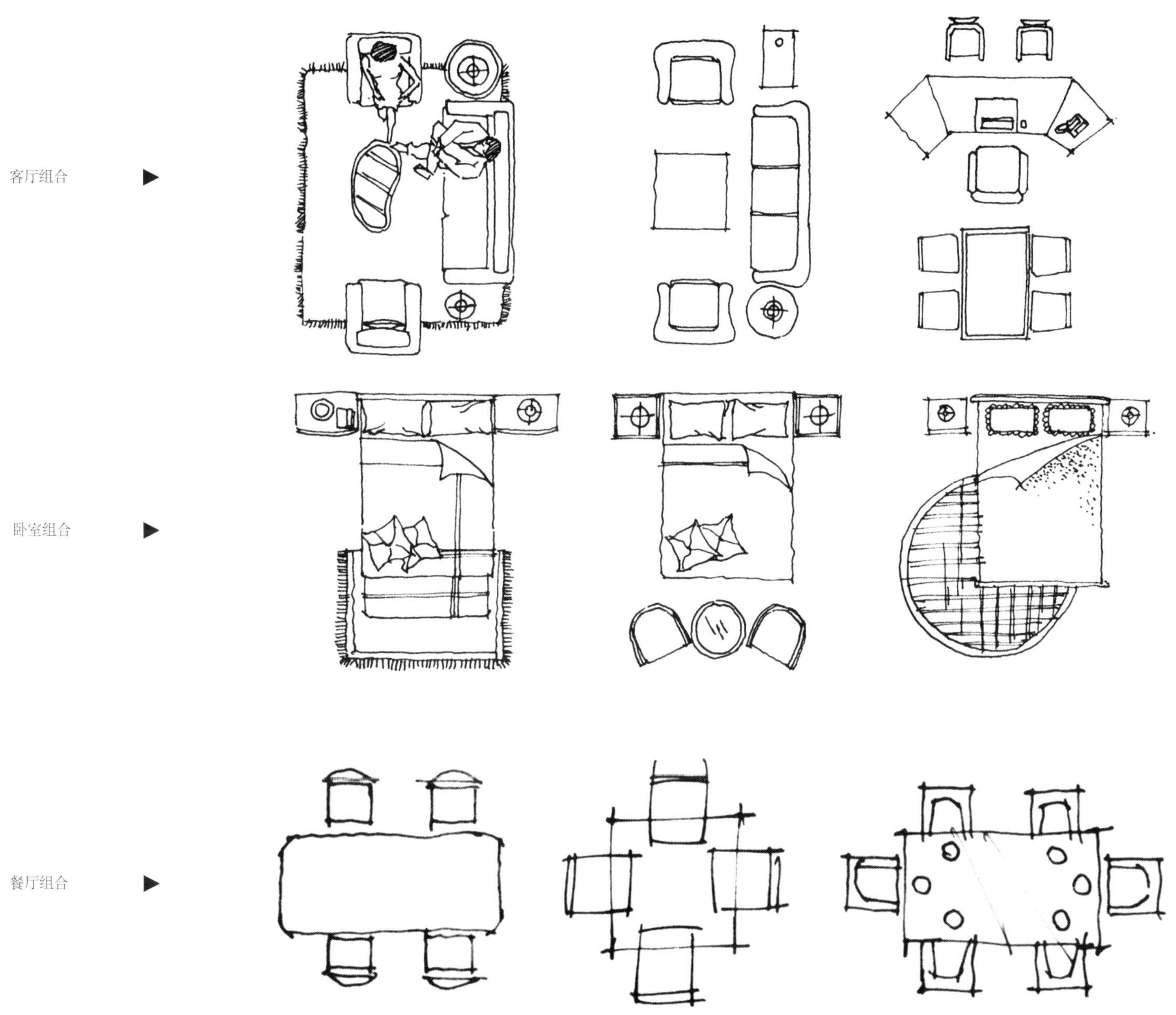

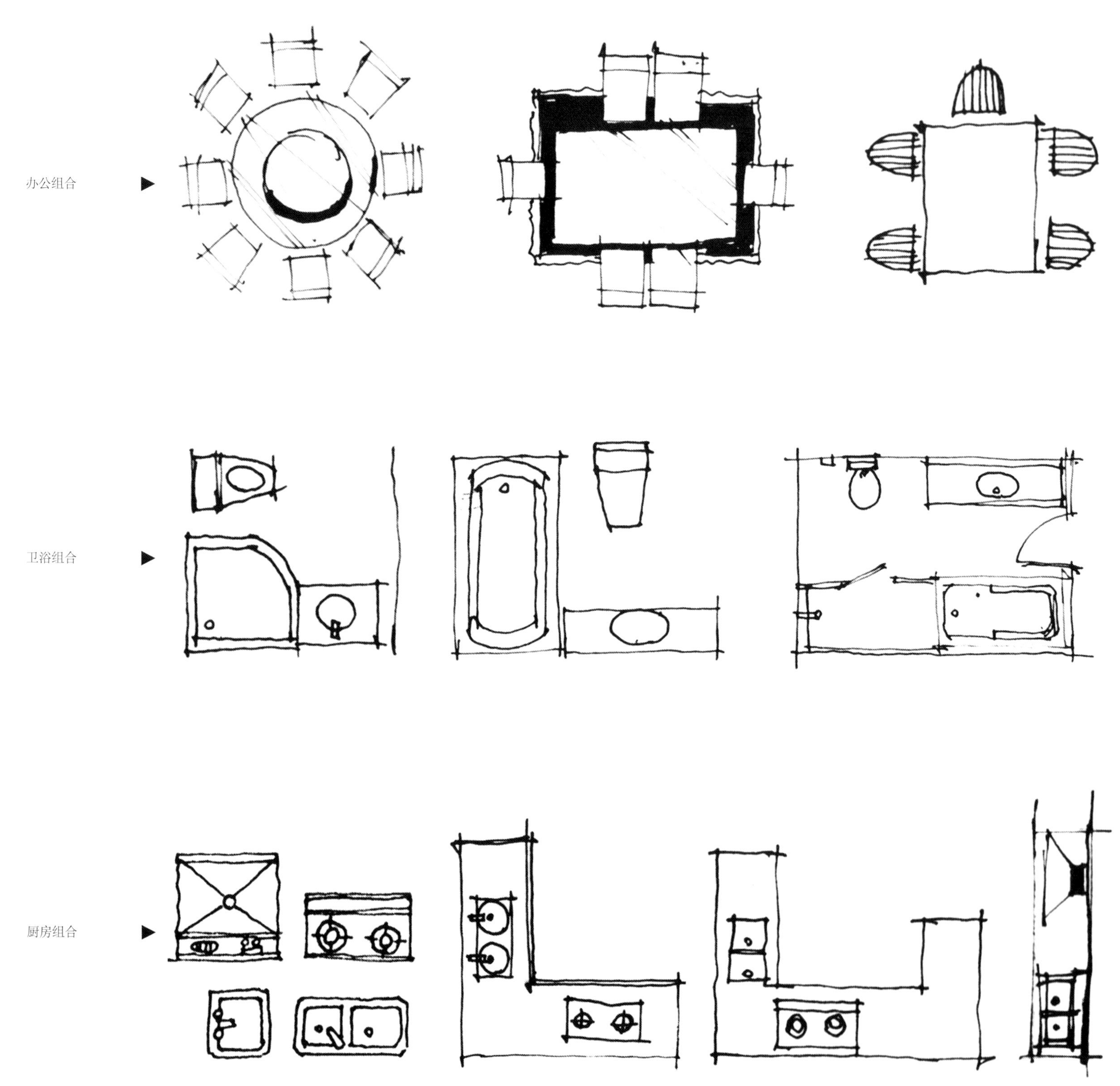
办公组合
卫浴组合
厨房组合

2.2 家具单体形式规律

沙发和椅子单体在实际表现中更多的是体块的组织，对体块透视掌握极为重要。在透视把握准确的基础上，用丰富的线条和明暗光影去营造画面。

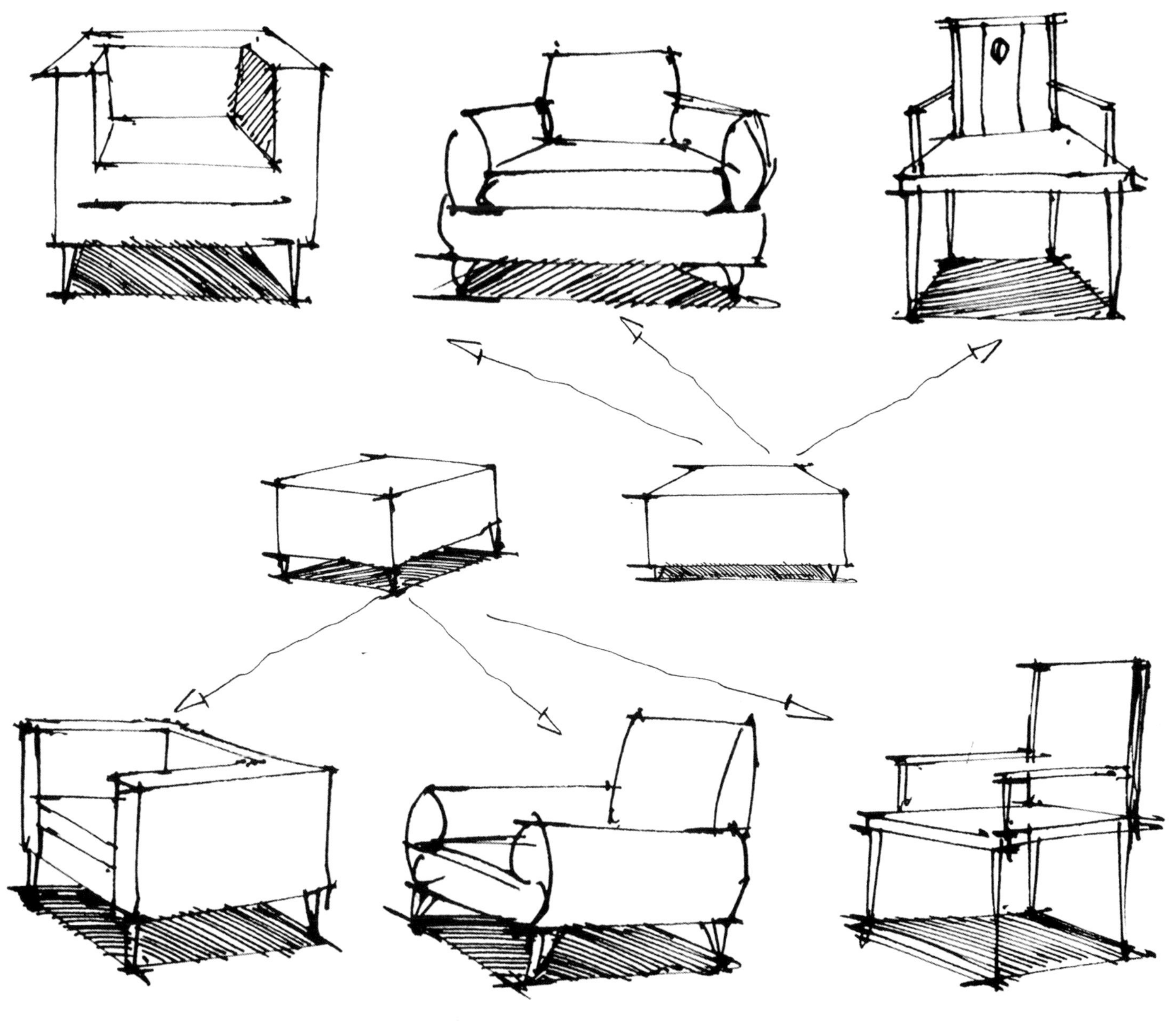

2.3 布艺形式规律

布艺的刻画相对自由，刻画细节主要集中在布褶的推敲上。注意光影随布褶起伏而呈现的不同形体轮廓。在这基础上稍加刻画纹理即可。

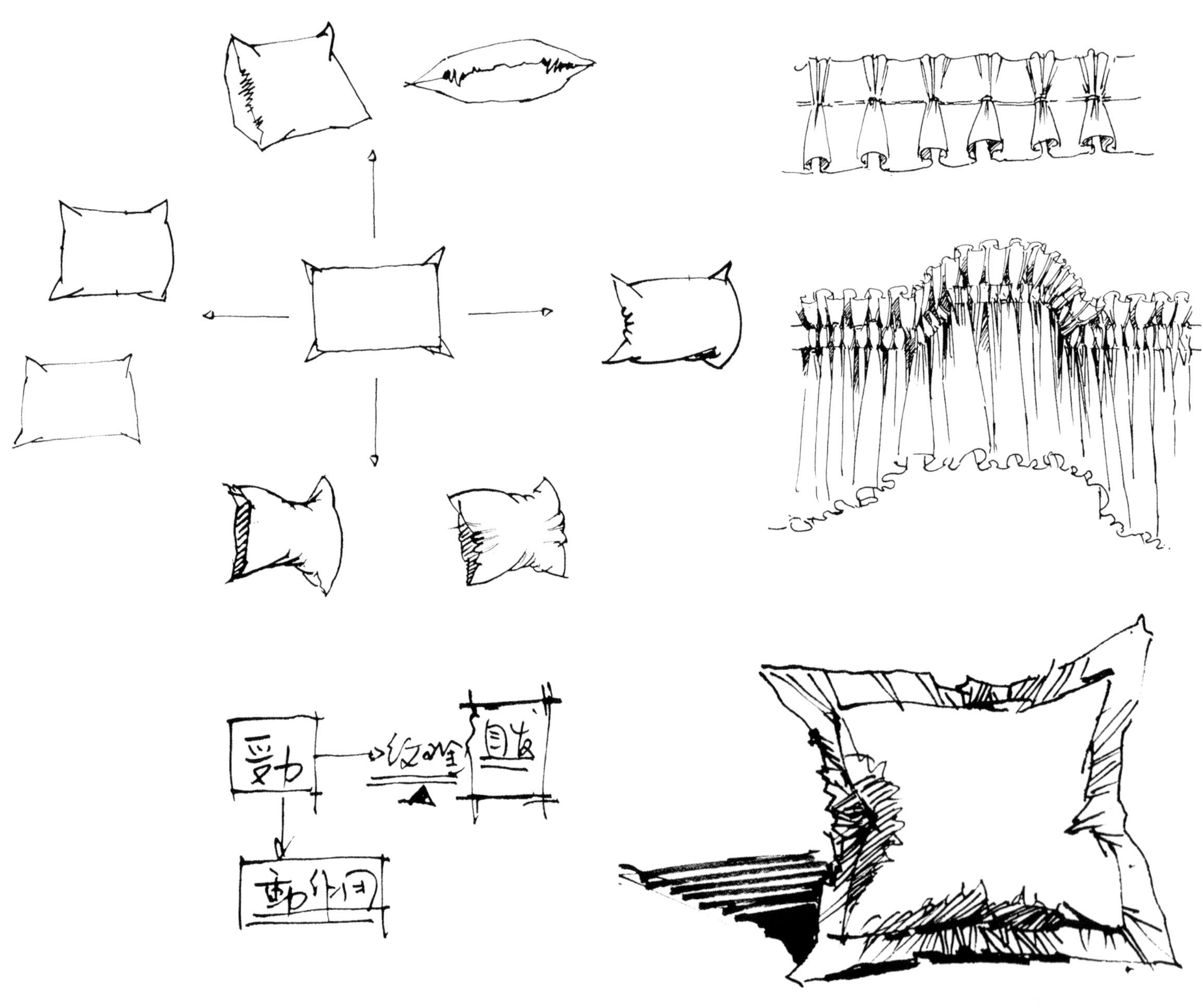

2.4 室内绿植形式规律

植物形式规律更多地集中在组合型植物的规律把握方面，首先要提炼植株的单体枝叶特征，在总结概括的基础上，对提炼的单体进行前后的排列叠加组合。

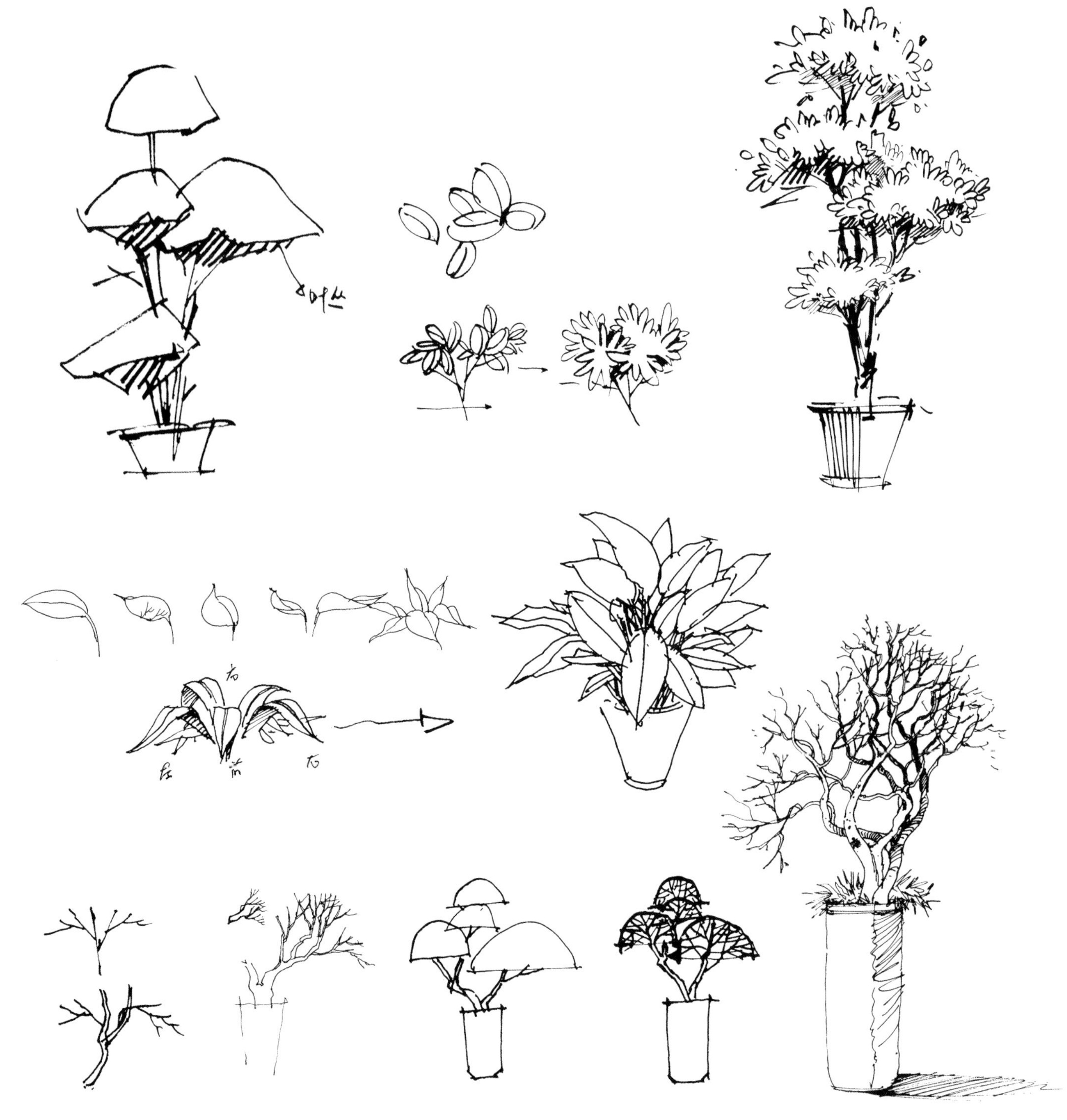

第三节 常用元素临摹

3.1 平面图元素临摹

要掌握室内不同空间的家具组合关系、比例关系、墙体开窗、门、标注等等平面图的表现要素。

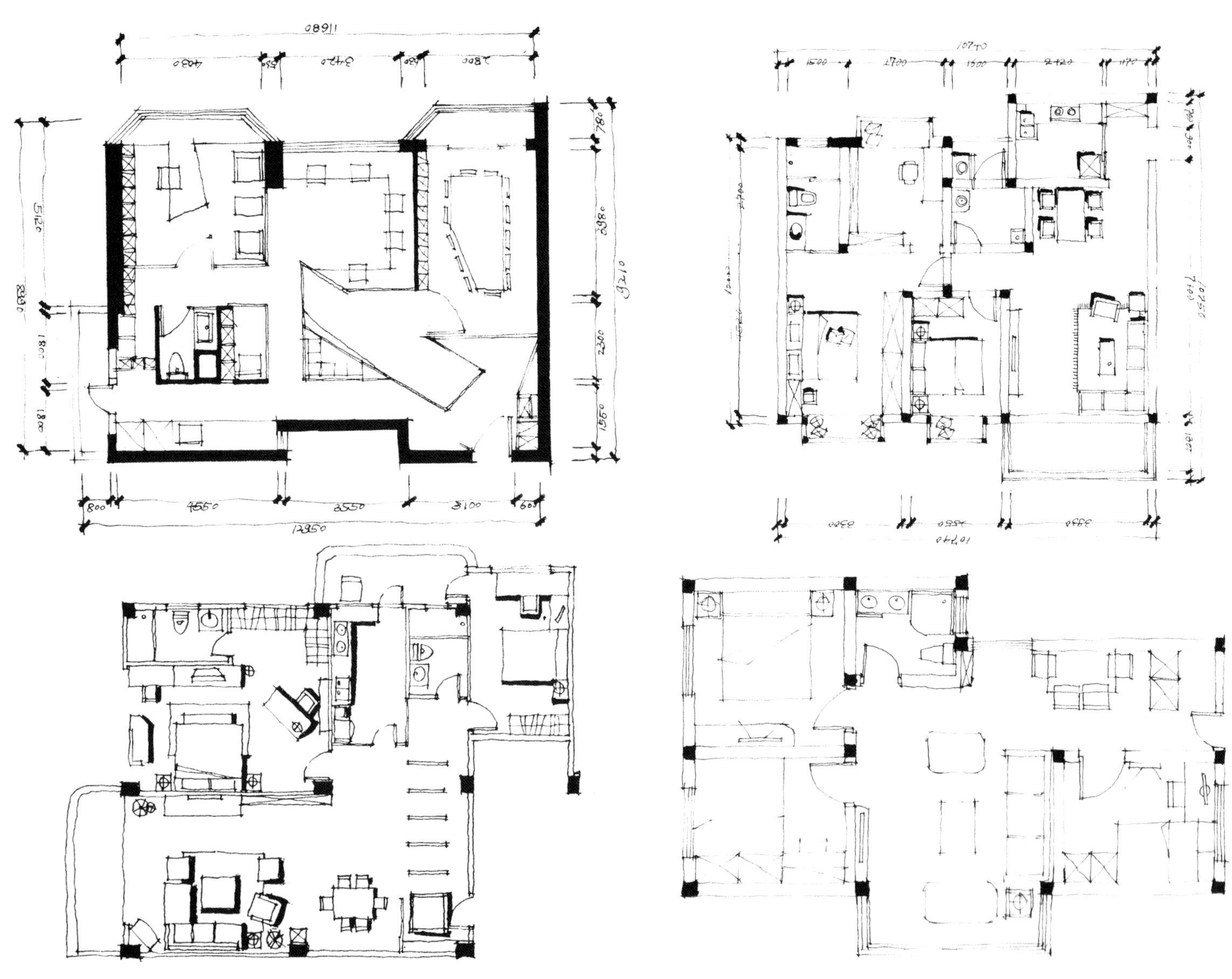

3.2 休闲沙发临摹

不同的家具其形态、质感、纹理等都不一样，因此在画沙发家具单体的时候，在掌握大的透视规律的基础上要考虑其个体特征的不同表现手法。

3.3 长条沙发临摹

长条沙发表现注重体块的比例关系和曲线的对称性，加之线条的丰富与疏密关系的处理。

3.4 组合沙发临摹

组合沙发表现注重体块的组合关系和线条的曲直、疏密对比。

3.5 休闲椅临摹

休闲椅表现注重产品的造型特点，尤其是比例关系和透视空间中的对称性。

3.6 新古典椅临摹

新古典椅表现注重布面曲线感和布褶的组织感，同时，各部分之间的比例关系和透视关系也很重要。

3.7 欧式经典椅临摹

在欧式经典椅表现中，各部分之间的比例关系和透视关系是基础，骨架的曲线感和细节的组织形式是要点。

3.8 中式经典椅临摹

在中式经典椅表现中，中轴对称关系要准确，木结构部件之间的穿插关系要明确。

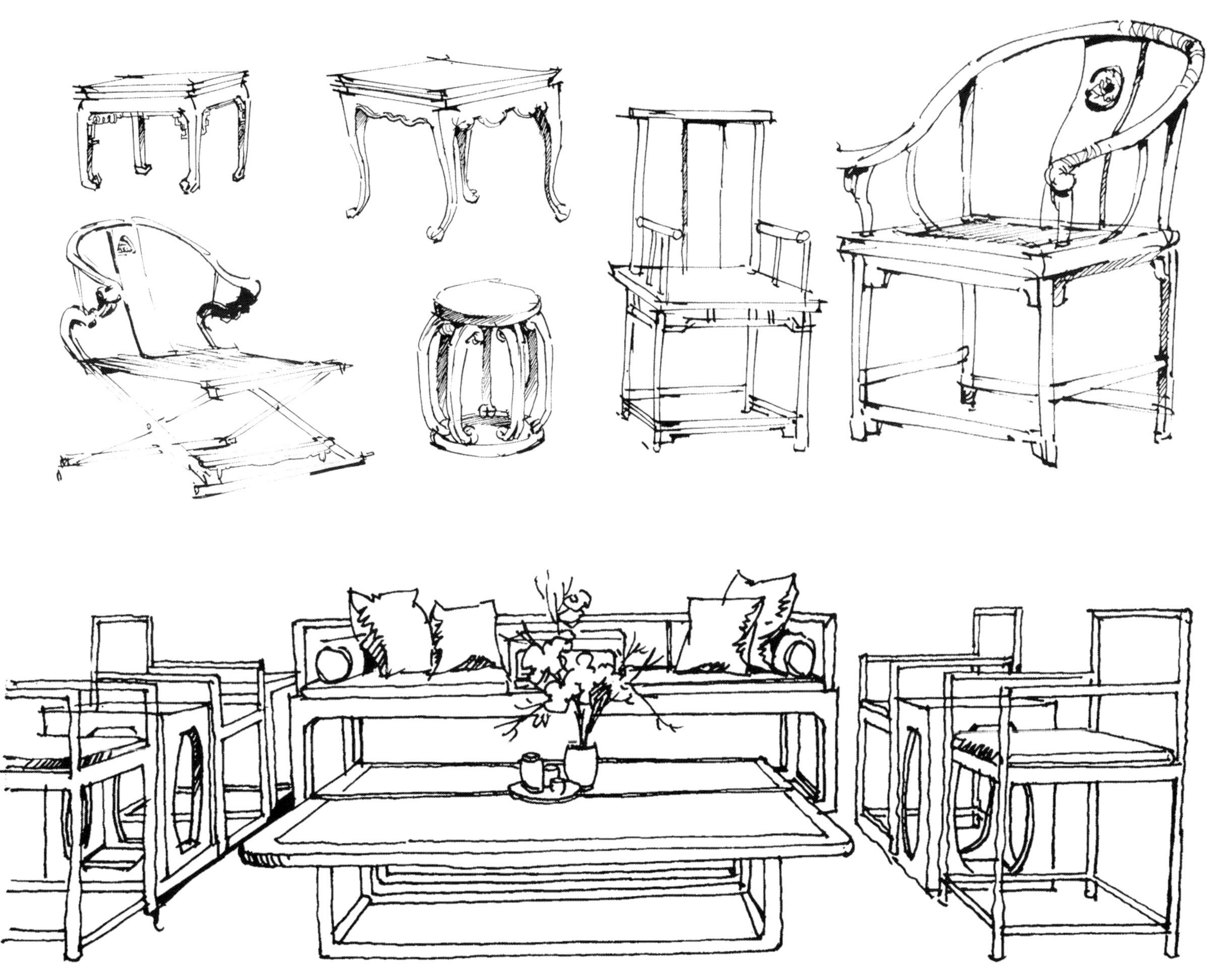

3.9 室内布艺临摹（1）

床上用品、抱枕、床单等刻画时要用线流畅，疏密得当，同时控制整体透视关系与光影关系。

3.9 室内布艺临摹（2）

3.9 室内布艺临摹 (3)

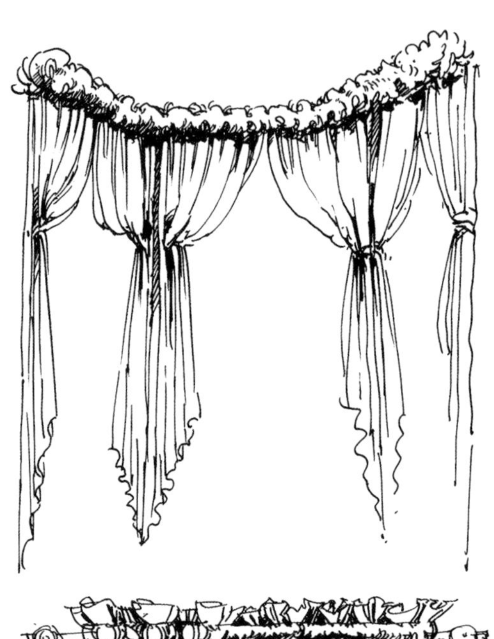

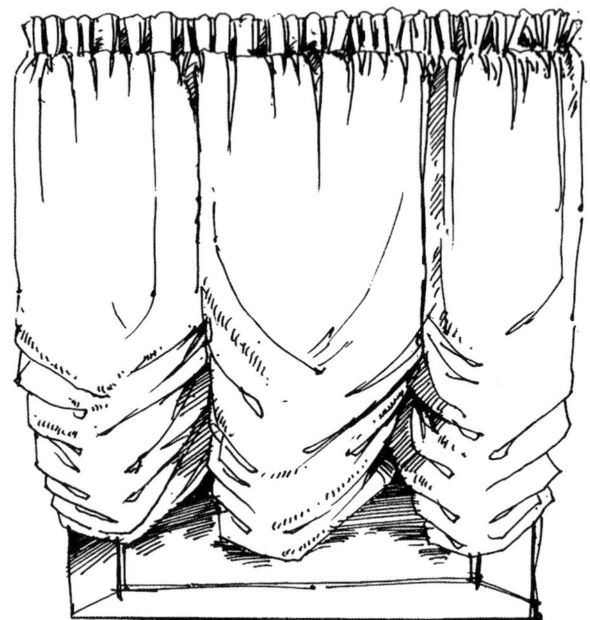

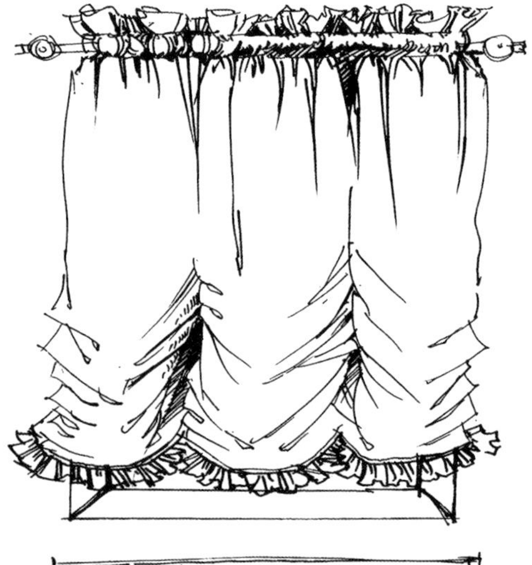

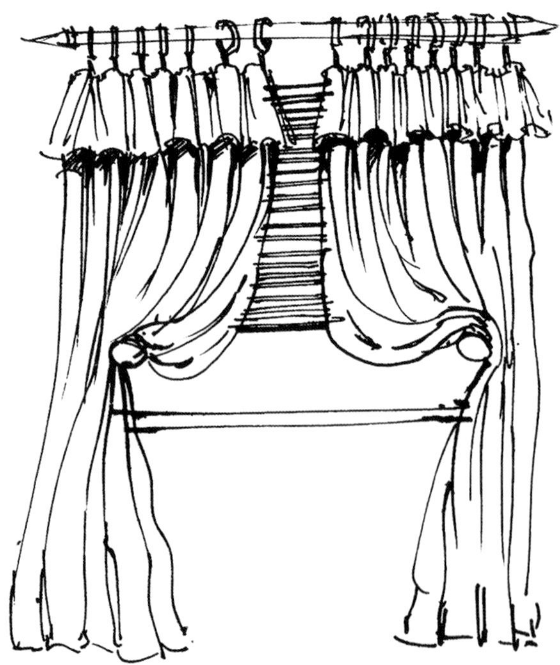

3.10 室内灯具临摹 (1)

灯具的临摹练习需要量的积累，主要考虑不同灯座的造型要求。

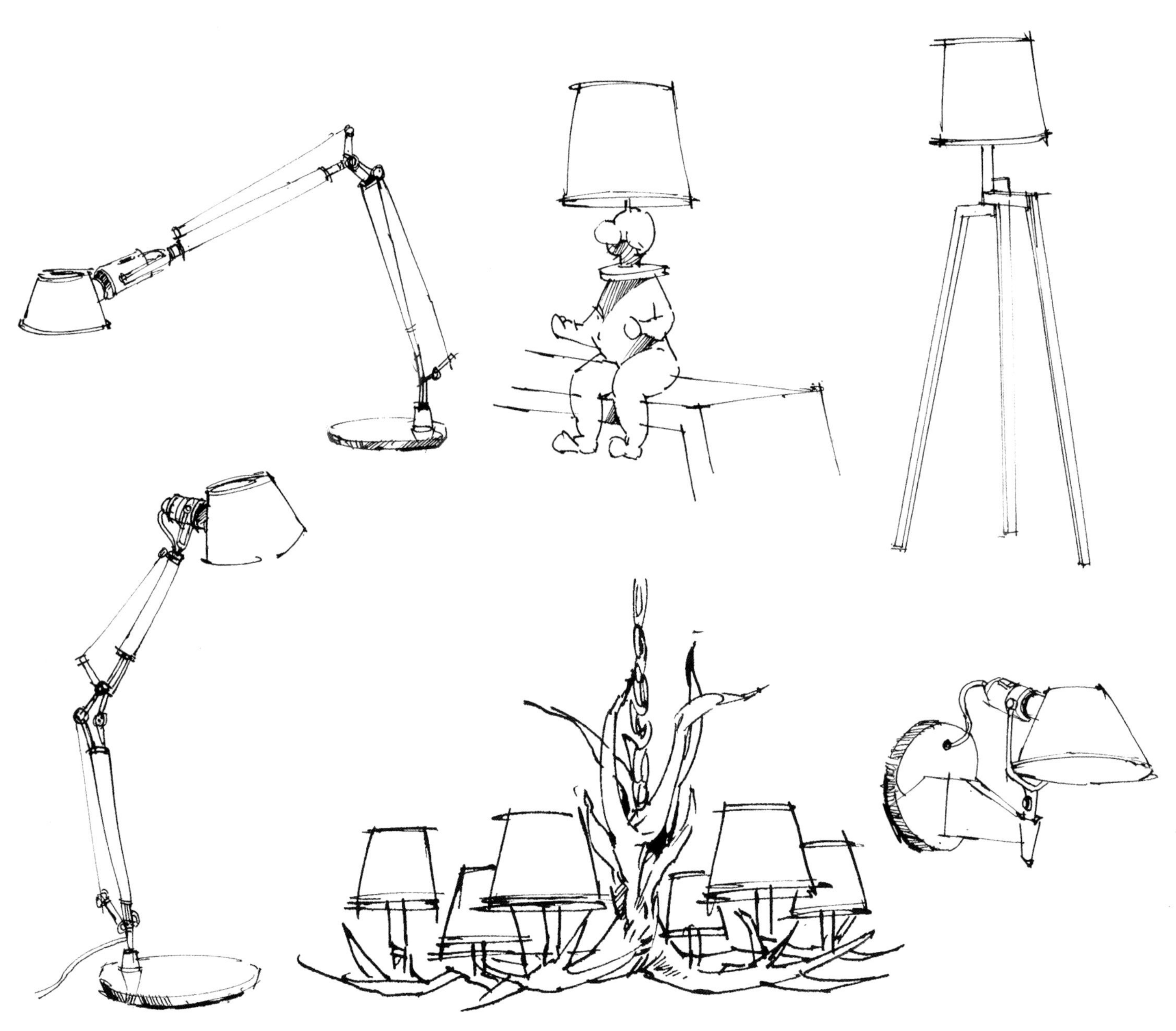

3.10 室内灯具临摹 (2)

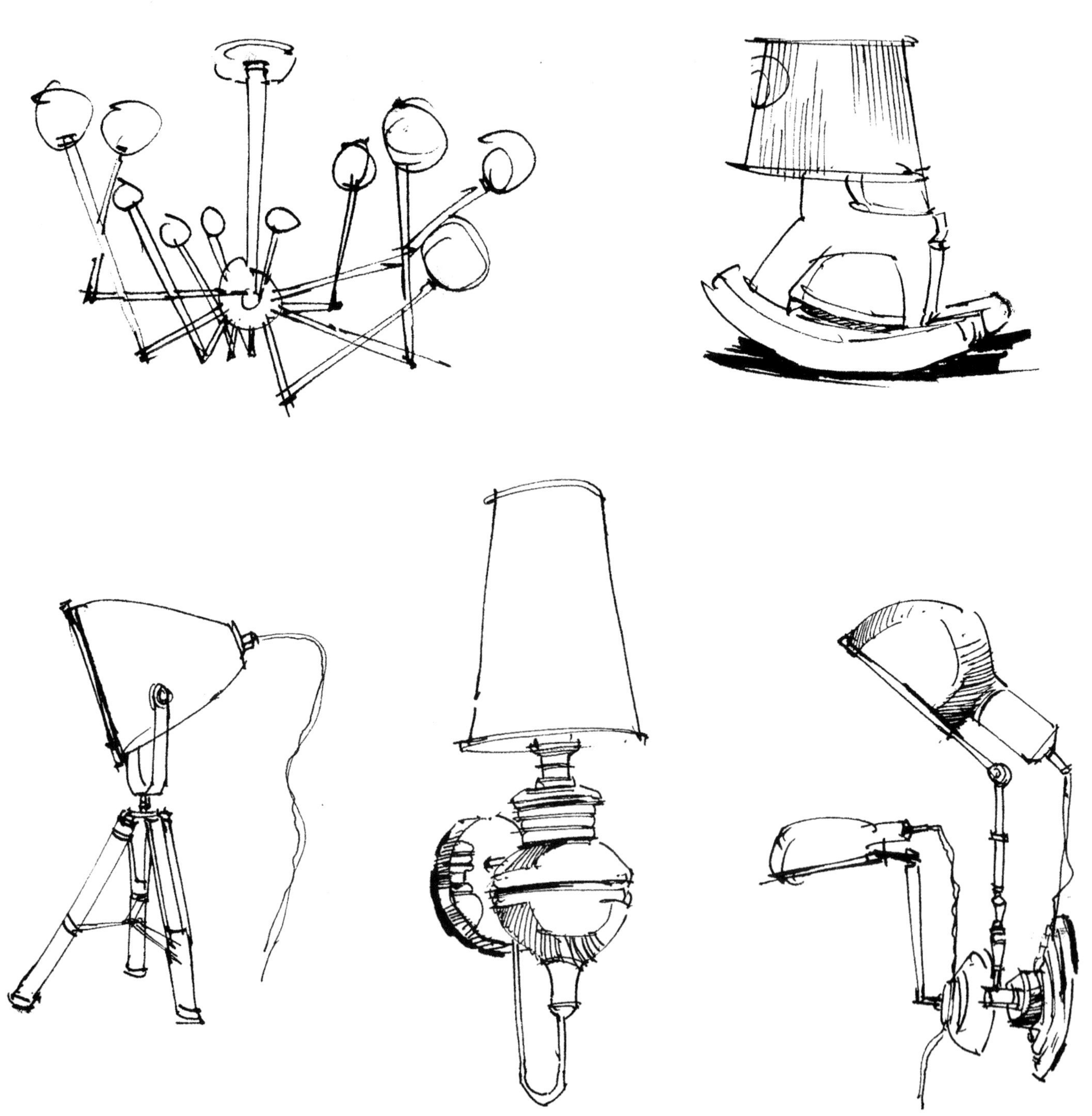

3.11 室内饰品临摹 (1)

通过大量的小稿练习来积累素材元素，增强对不同造型的把控。

3.11 室内饰品临摹 (2)

3.12 室内植物临摹 (1)

理解植物生长的内在规律，从根部往上分枝，枝条逐渐变多且变细，叶片组织形成体块，组织时要有疏密对比。

3.12 室内植物临摹 (2)

第四节 室内节点临摹

4.1 卧室节点临摹（1）

4.1 卧室节点临摹（2）

4.1 卧室节点临摹（3）

4.2 客厅节点临摹（1）

4.2 客厅节点临摹（2）

4.3 餐厅节点临摹

4.4 卫生间节点临摹

4.5 厨房节点临摹（1）

4.5 厨房节点临摹（2）

4.6 公共空间节点临摹（1）

4.6 公共空间节点临摹（2）

第四章　线稿处理

第一节 画面本质

处理空间画面的本质在于处理对比关系。在处理对比关系时应掌握构图方式、点线面关系、黑白灰关系、空间虚实关系、节奏感、留白方式、自然生长规律、生命力传达方式等。个人耐心问题、对细节的认识程度、元素的储存量也是影响画面效果的重要因素。

练习内容	时间	纸张数	天数
黑白灰	10 小时	10 张	共四天
空间虚实	10 小时	10 张	
细节刻画	10 小时	10 张	
综合表现	10 小时	10 张	

第二节 画面解析

手绘线稿创作过程中有两个重点：画面关系与细节刻画。画面关系主要分黑白灰关系、主次关系、结构关系、点线面关系。细节刻画主要分质感、留白、光影等。

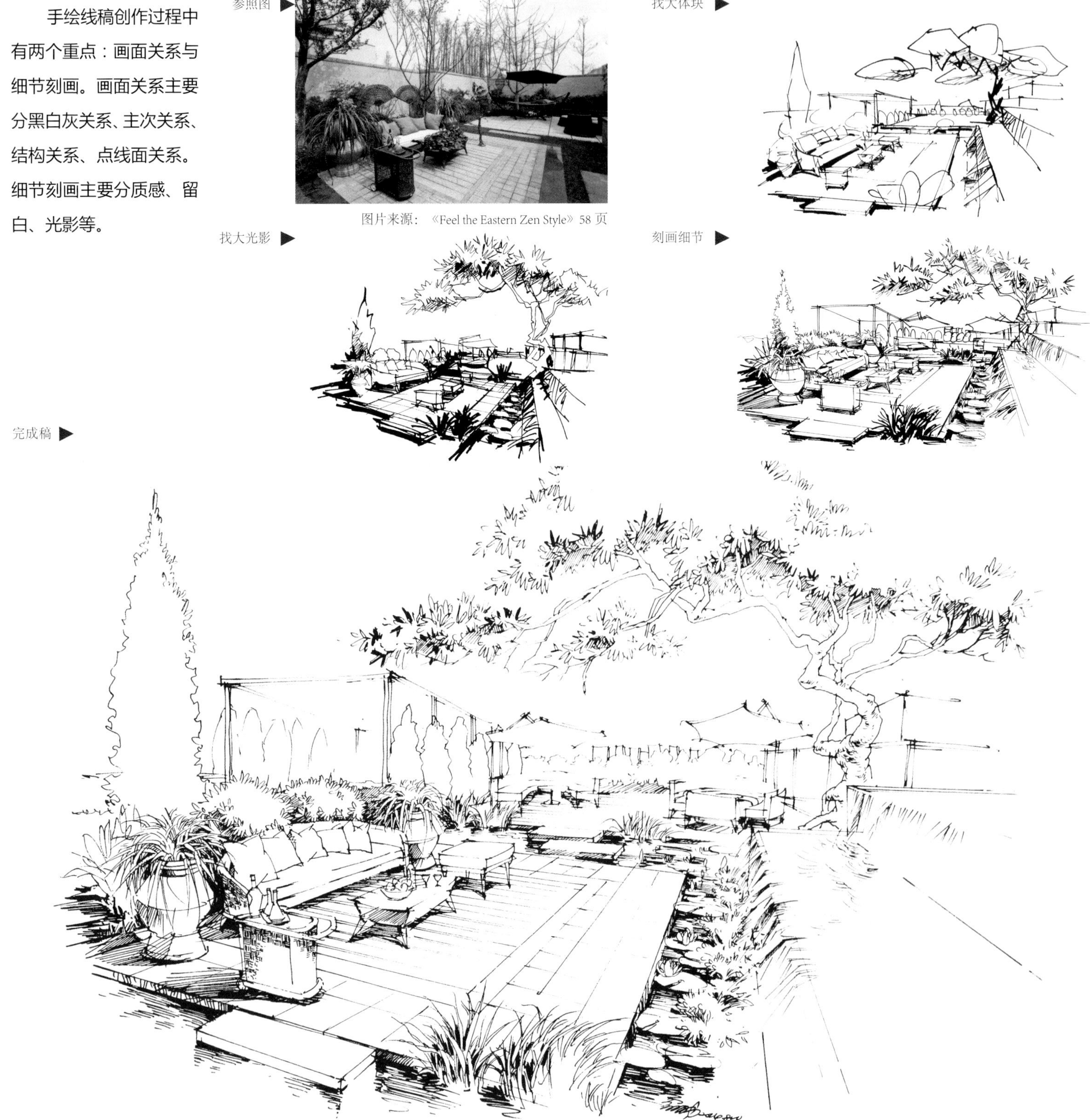

参照图 ▶

找大体块 ▶

图片来源：《Feel the Eastern Zen Style》77页

找大光影 ▶

刻画细节 ▶

完成稿 ▶

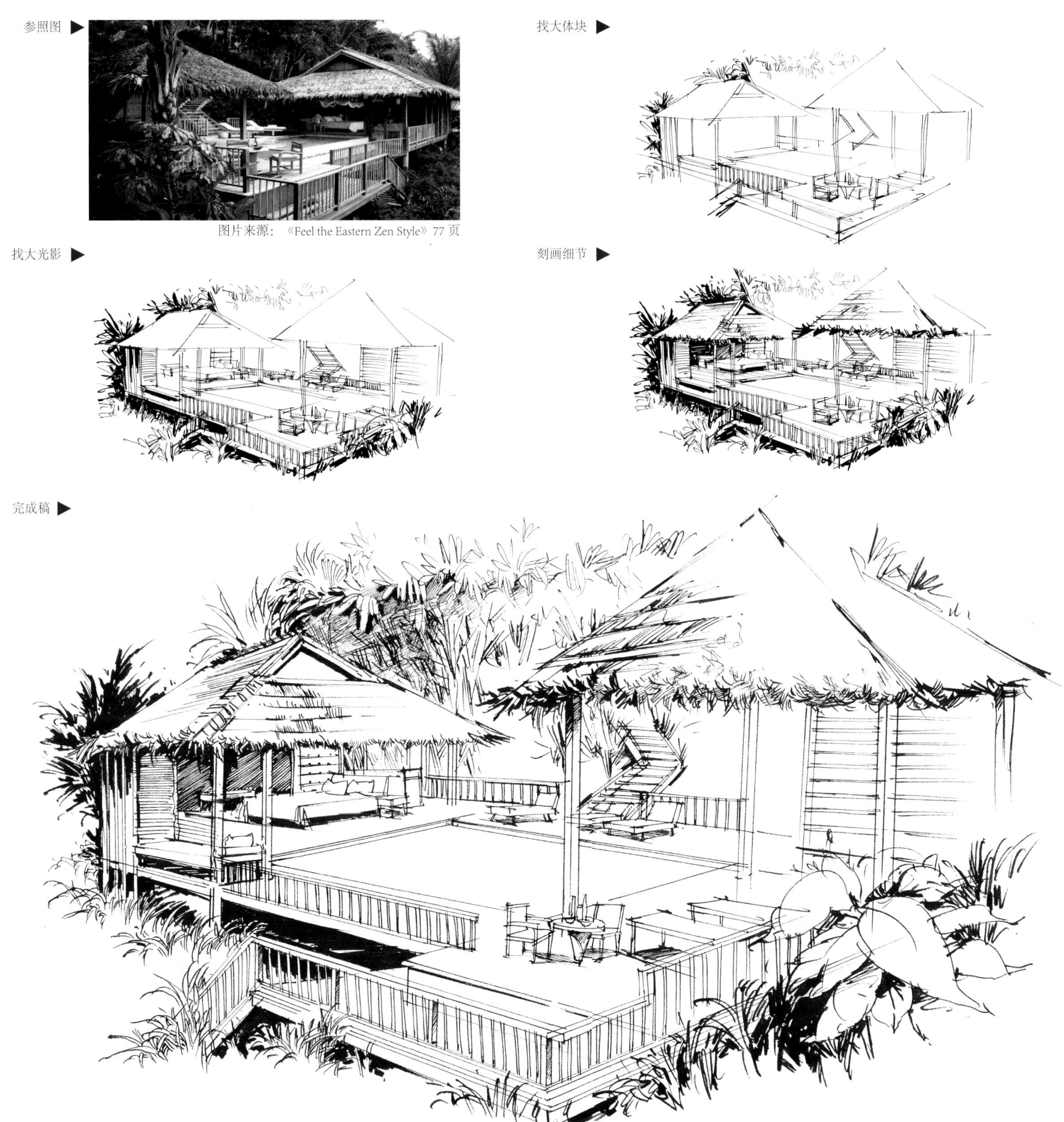

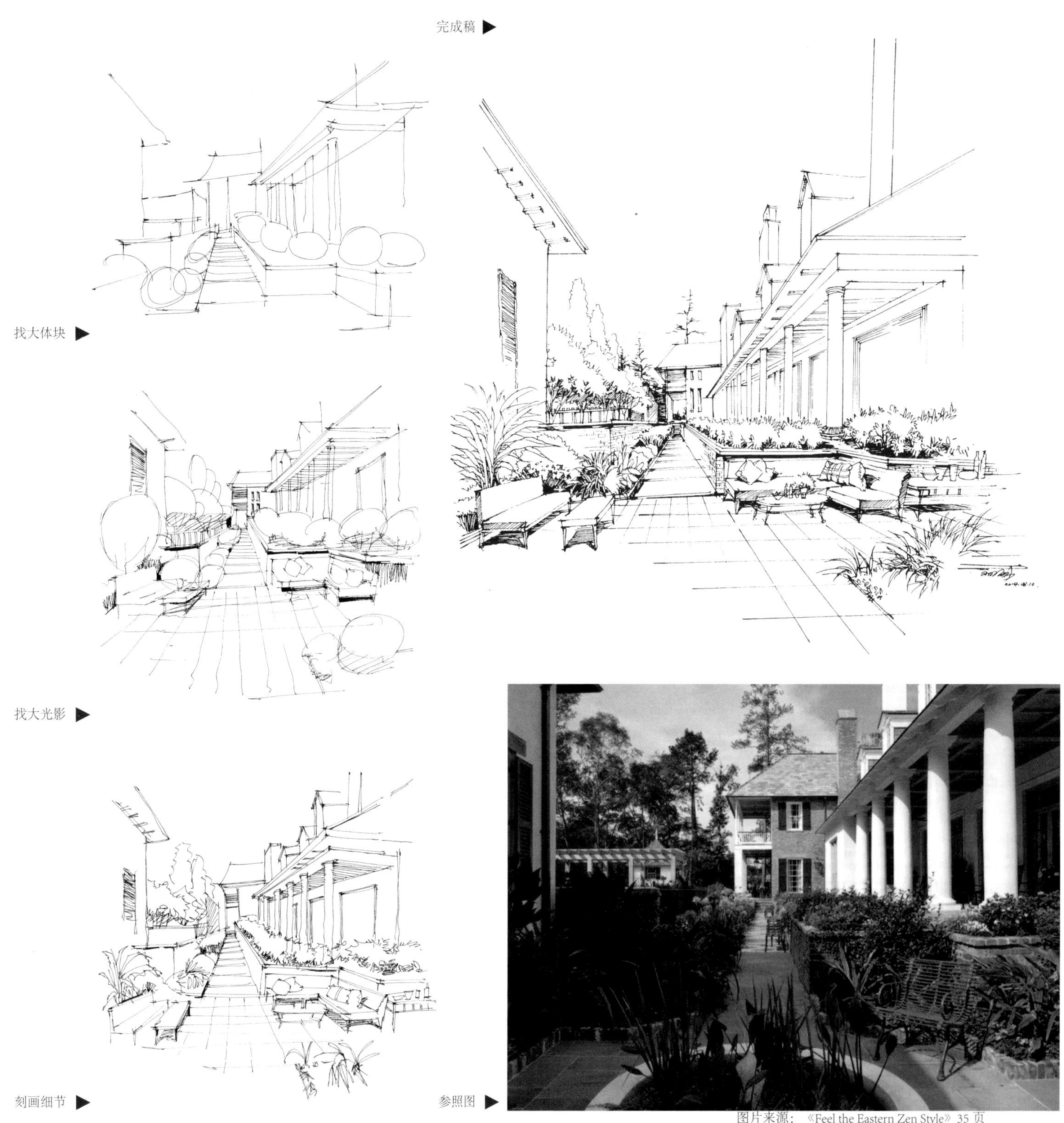

完成稿

找大体块

找大光影

刻画细节

参照图

图片来源：《Feel the Eastern Zen Style》35 页

第三节 常见问题

黑白灰问题 ▶

此图黑白灰关系不明确，暗面投影及物体的固有色要有序区分。在做足光影关系之后再考虑物体本身固有色。固有色与光影处理不好，画面容易显得灰，光感不足。

结构问题 ▶

结构指画面应在透视线、结构线的统领下安排画面布局，结构出现问题导致画面透视不准、碎、乱、花。

留白问题 ▶

留白相对难度较大，体现个人绘画意识与画面艺术处理能力。一般在刻画对象受光面、边线、考虑画面构图的时候要注意留白。

▼ 碎与散问题

明暗关系不明确，用线断断续续、刻画对象形体结构不连贯导致了画面的碎与散。

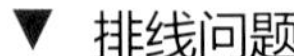

▼ 排线问题

排线不整齐，没有按照刻画对象结构线或透视方向线条排线。线条方向乱，且交叉线多造成了画面排线问题。

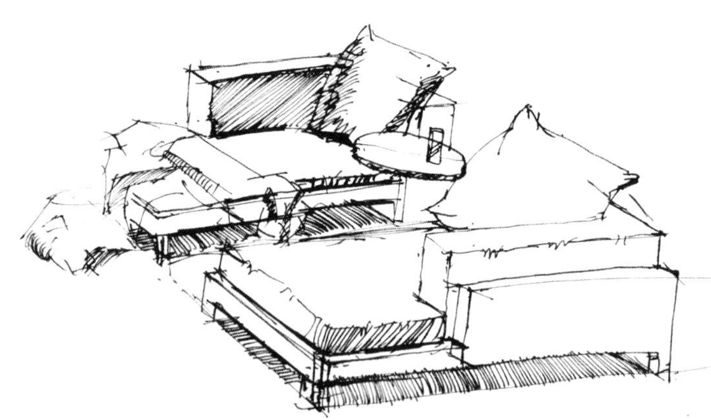

第四节 不同空间练习

4.1 居室空间 · 地中海风格客厅

居室空间是住宅建筑内环境的主体，住宅建筑依赖室内空间来体现它的使用性质，其中地面（基面）、墙面（垂直面）和顶面（屋顶）是居室空间设计的基础。它决定着室内空间的容量和形态。

4.1 居室空间 · 新中式风格 (1)

4.1 居室空间 · 新中式风格 (2)

4.1 居室空间 · 新中式风格 (3)

4.1 居室空间 · 东南亚风格 (1)

4.1 居室空间 · 东南亚风格 (2)

4.1 居室空间 · 东南亚风格 (3)

4.1 居室空间 · 欧式风格 (1)

4.1 居室空间·欧式风格 (2)

4.1 居室空间 · 欧式风格 (3)

4.1 居室空间 · 欧式风格 (4)

4.1 居室空间 · 欧式风格 (5)

4.1 居室空间 · 欧式风格 (6)

4.1 居室空间 · 日式风格 (1)

4.1 居室空间 · 日式风格 (2)

4.1 居室空间 · 现代风格 (1)

4.1 居室空间 · 现代风格 (2)

4.1 居室空间 · 现代风格 (3)

4.1 居室空间 · 现代风格 (4)

4.1 居室空间 · 现代风格 (5)

4.1 居室空间 · 现代风格 (6)

4.1 居室空间 · 现代风格 (7)

4.2 商业空间 · 售楼大厅

狭义的概念理解商业空间也包含了诸多的内容和设计对象。各类商业行为使用的空间，如博物馆、展览馆、商场、步行街、写字楼、宾馆、餐饮店、专卖店、美容美发店等空间均可以包含在内。然而随着时代的发展，现代意义上的商业空间必然会呈现多样化、复杂化、科技化和人性化的特征。其概念也会产生更多不同的解释和外延。

4.2 商业空间· 酒店休息厅

4.2 商业空间 · 酒店大厅

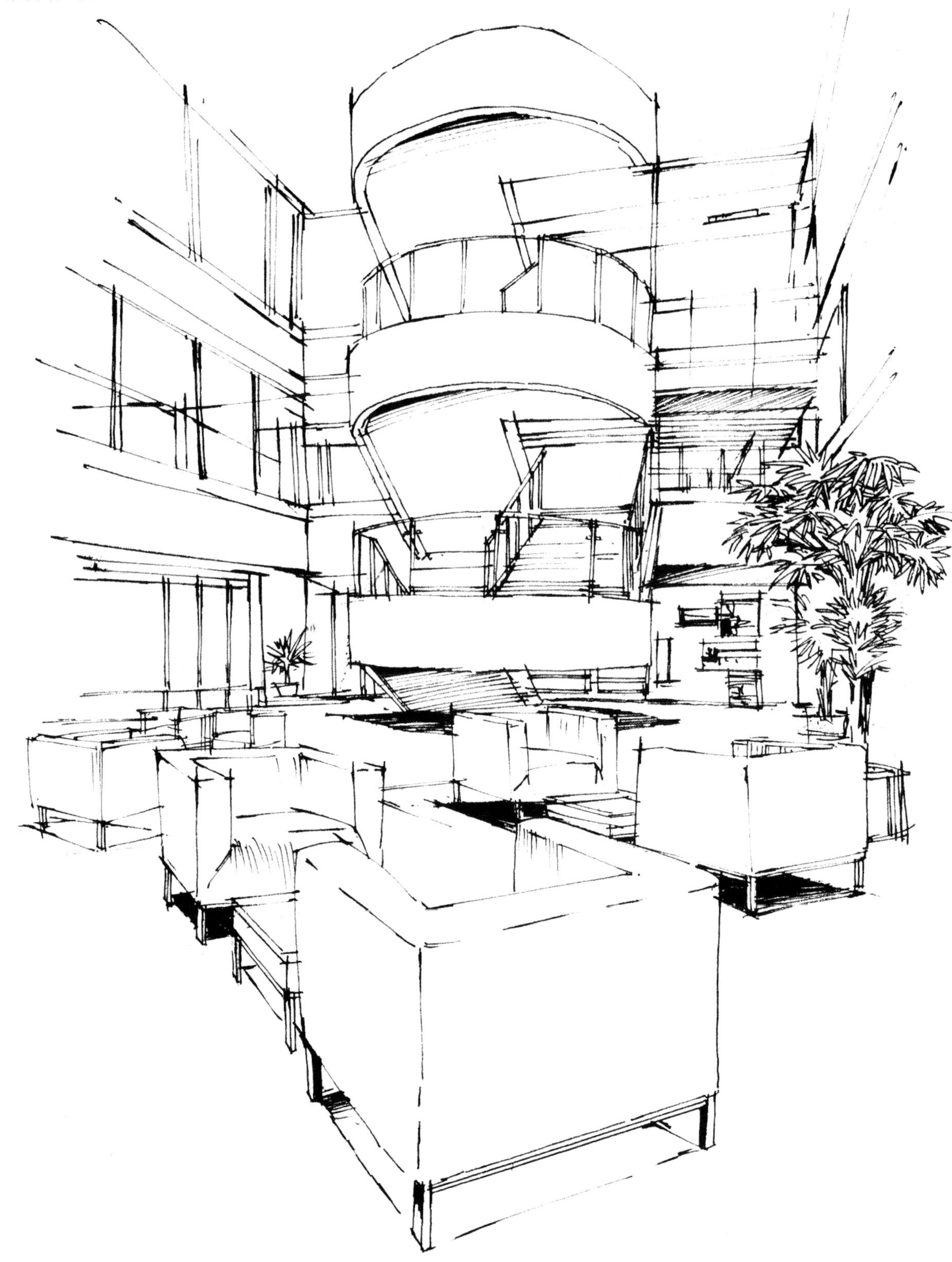

4.2 商业空间 · 咖啡馆（1）

4.2 商业空间 · 咖啡馆（2）

4.2 商业空间 · 餐厅

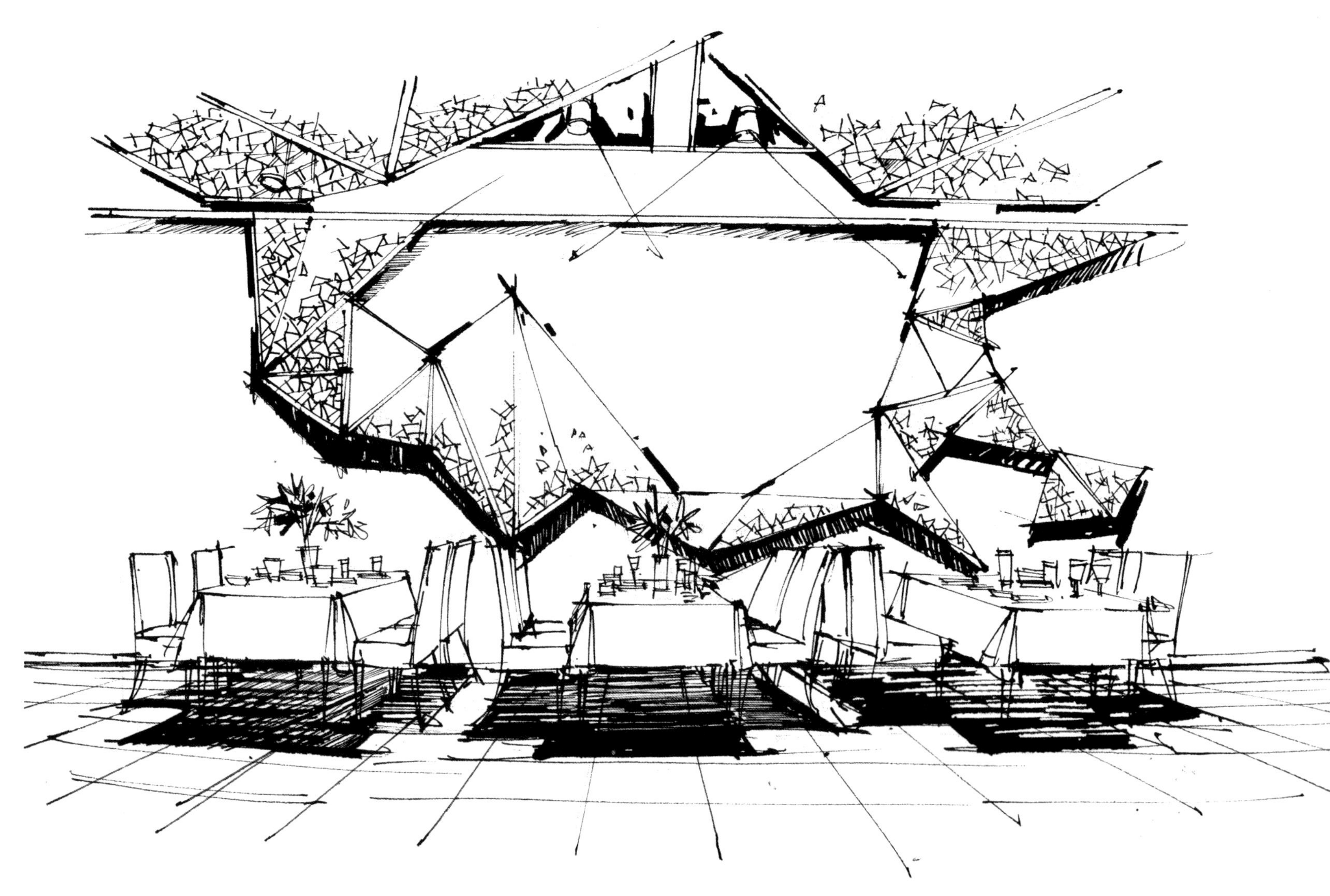

4.2 商业空间 · 酒店餐厅

4.2 商业空间 · 酒店大堂（1）

4.2 商业空间 · 酒店大堂（2）

4.2 商业空间 · 会所大堂

4.2 商业空间 · 酒店前台

4.2 商业空间 · 酒店客房

4.2 商业空间·养生馆

4.3 公共空间 · 会客厅

相对于室内私有空间来说，室内公共空间更强调的是满足公众行为需要的室内空间设计。室内公共空间设计通过对行为、环境、文化、时代、习俗、理念、科技以及生理和心理等因素的综合思维进行的空间设计，旨在改善公共的物理生活环境，提高公众精神生活质量。

4.3 公共空间 · 音乐厅

4.3 公共空间 · 商场中庭

4.3 公共空间 · 办公楼大厅

4.4 办公空间 · 艺术家工作室

办公空间设计需要考虑多方面的问题，涉及科学、技术、人文、艺术等诸多因素。办公空间室内设计的最大目标就是要为工作人员创造一个舒适、方便、卫生、安全、高效的工作环境，以便更大限度地提高员工的工作效率。

4.4 办公空间 · 艺术家工作室

4.5 展览空间 · 家居饰品展厅

展览空间具有造型、空间、色彩、多媒体、声光电等综合要素，并以展示形象的方式传达信息。展示设计是艺术设计领域中具有复合性质的设计形式之一。在客观上，它由概念引申创作，实际融合了二维、三维、四维等设计因素；在主观上，它是信息及其特定时空关系的规划和实施。

Sto-Stiftung
Aus- und Weiterbildung für das Fachhandwerk und die

4.5 展览空间 · 电子产品展厅

4.5 展览空间 · 珠宝展厅

第五章 马克表现

第一节 要点架构

第二节 色彩原理

第三节 工具性能

第四节 单体上色

第五节 节点上色

第六节 步骤上色

第七节 作品赏析

第一节 要点架构

综合技法以色彩原理为基础，通过讲解不同的要点增强对马克笔及各种神奇的使用技巧和方法的了解，进行优秀案例分析与常见问题分析。

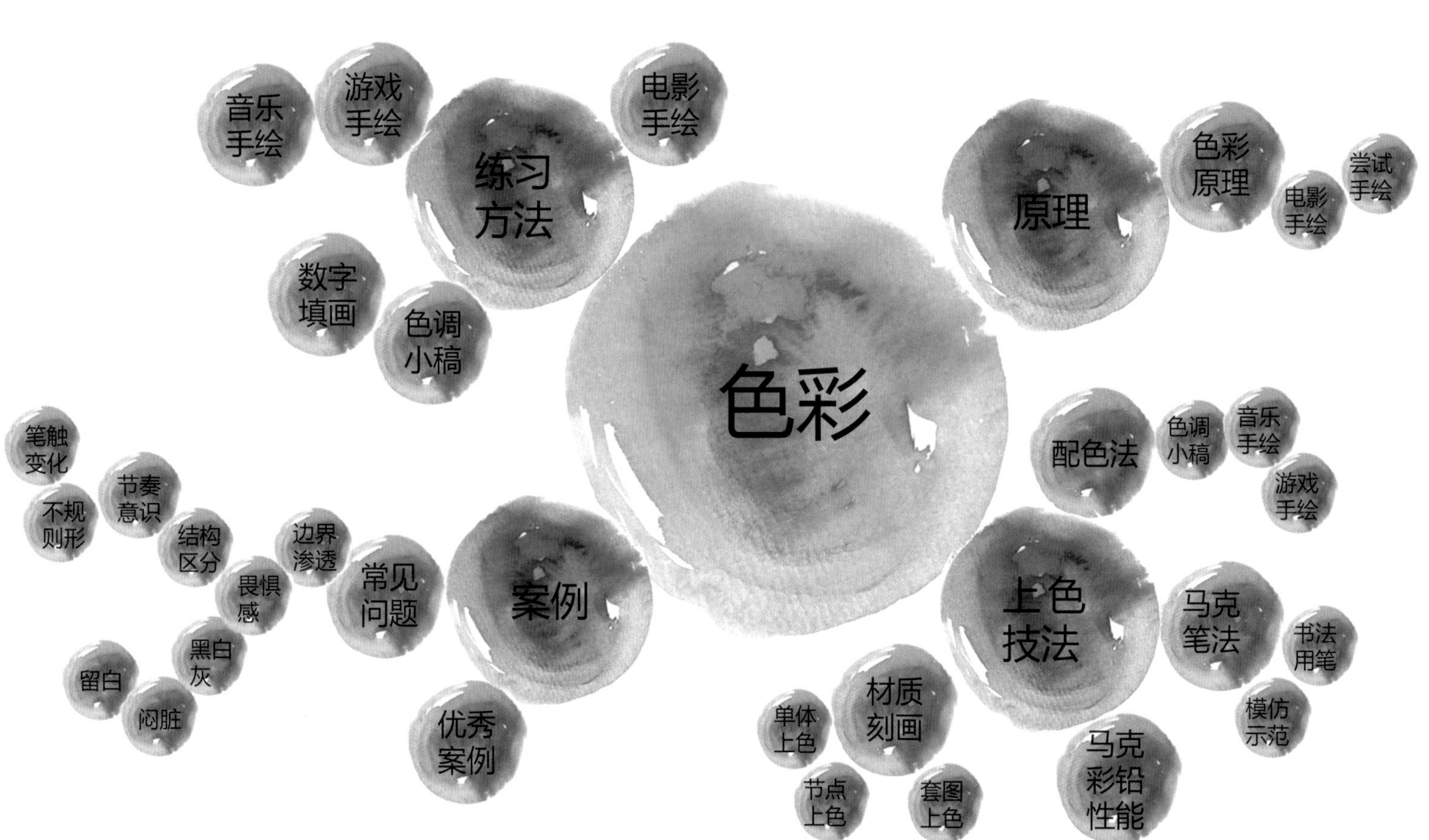

<table>
<tr><th>练习内容</th><th>时间</th><th>纸张数</th><th>天数</th></tr>
<tr><td>工具性能</td><td>5 小时</td><td>10 张</td><td rowspan="4">共五天</td></tr>
<tr><td>配色方式</td><td>10 小时</td><td>20 张</td></tr>
<tr><td>材质刻画</td><td>10 小时</td><td>10 张</td></tr>
<tr><td>综合表现</td><td>25 小时</td><td>20 张</td></tr>
</table>

第二节 色彩原理

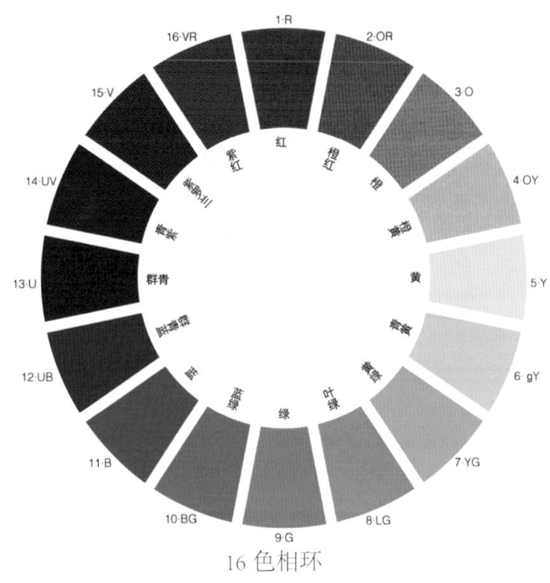

16 色相环

2.1 色相环

不同色彩搭配时，色相、纯度、明度会使色彩关系产生变化。

浅色搭配明度对比较弱，浅色与深色搭配明度对比加强。

色环上距离较近颜色搭配画面稳定统一，色环上距离较远颜色搭配画面活跃丰富。

色环上 180°相对的色彩搭配，画面色彩对比最强。

角度为 22.5°的两色间，色相差为 1 的配色，称为邻近色相配色。

角度为 45°的两色间，色相差为 2 的配色，称为类似色相配色。

角度为 67.5° ~112.5°，色相差为 6~7 的配色，称为对照色相配色。

角度为 180°左右，色相差为 8 的配色，称为补色色相配色。

2.2 色彩搭配

2.2.1 同类色配色

同类色配色是将相同色调的不同颜色搭配在一起形成的一种配色关系。同类色的色相、色彩的纯度和明度具有共同性，明度按照色相略有所变化。

2.2.2 对比色配色

对比色调因色彩的特征差异，能造成鲜明的视觉对比。对比色调配色在配色选择时，会因横向或纵向而有明度和纯度上的差异。例如：浅色调与深色调配色，即为深与浅的明暗对比；而鲜艳色调与灰浊色调搭配，会形成纯度上的差异配色。

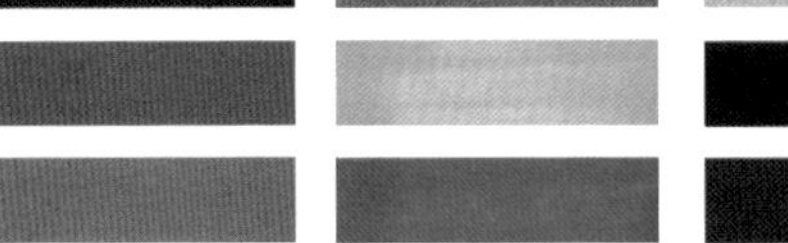

2.2.3 明度配色

明度是配色的重要因素，明度的变化可以表现事物的立体感和远近感。中国的国画也经常使用无彩色的明度搭配。有彩色的物体也会受到自身色彩的影响，产生明暗效果。像紫色和黄色就有着明显的明度差。

低明度对比　低明度对比　高明度对比

第三节 工具性能

3.1 马克笔性能

俗话说："磨刀不误砍柴工"。尤其对于手绘初学者了解马克笔性能是至关重要的，马克笔的诞生决定了其命运与属性。马克笔的前身是记号笔，用于标记工业批量化产品的标号。一位设计师在工厂提货时，随手捡了一只磨掉笔头的记号笔画出设计手稿，这一设计草稿风靡一时。这成了开发商的切入点，此后马克笔应运而生。马克笔的材质属性就是一种高度概括的色彩工具，它的塑造力以及可修改性远远不如水彩、水粉、油画等色彩工具。也也不能说马克笔就能画得特别精细，如马克笔过渡不了的细节就需要彩铅进行弥补，许多材质属性的刻画就需要借助高光笔，改正液等工具来刻画物质反光等，所以马克笔本身优势与弊端非常明显，我们要大力发挥其干净利索高度概括色彩张力的优势，通过彩铅、高光笔等弥补其不易刻画细节的弊端，这样去理解马克笔才能将其运筹帷幄。

马克笔性能是众多初学者的绊脚石，使得许多初学者不知如何下笔，所以导致画面效果不佳。笔者通过多年的教学实践，来分析马克笔几个特别重要的性质。

3.1.1 透明性

透明性的色彩工具都缺乏覆盖力，所以这一性质就决定了马克笔叠加的时候只能用重色盖住浅色，所以使得上色步骤是由大面积浅色到深色过渡，如果想要浅色盖住深色就必须借助辅助工具，如改正液等。

3.1.2 速干性

马克笔的溶剂大都属于快速挥发性溶剂，一画到纸上，数秒钟就干透，所以要想色彩之间衔接过渡必须得速度快才行，同时马克笔的明度变化也体现在速度上面，同一支马克笔画得速度越快，明度越高，反之明度越低。

3.1.3 不易修改性

马克笔的溶剂与覆盖力弱等特性就决定了它不具备反复修改的承载力，所以绘制时要大胆肯定，先对配色做到胸有成竹，然后再选择马克笔大胆肯定地去描绘，不要优柔寡断，否则就发挥不出马克笔的魅力，尽量在数遍之内画到位，如反复修改将会导致闷、脏等不透气的效果。

3.1.4 笔头变化属性

马克笔笔头有方头与圆头两种，两者之间的笔触感也不太一样，所以要对笔头进行分析，笔头不同，画面出来的状态也不一样，所以这一特性也是至关重要的。这就是为什么许多初学者有比较好的画面感，但是一用马克笔这一工具就发现与自己想要的效果出入特别大。初学者要掌握马克笔的笔触规律，顾名思义就是能随心所欲画出自己想要的笔触感，如坚实有力的笔触、柔和湿润的笔触，点线面笔触控制得当。

3.2 用笔方法与原则

3.2.1 用笔方法

A. 点的用笔

B. 线的用笔

C. 面的用笔

3.2.2 用笔原则

材质属性分类法：硬质物体用笔尽量干净利索刚劲有力；软质物体用笔尽量柔。

初学者要对物体的材质感有良好的敏感度，才能依据自己的感受来刻画材质。

点

线

面

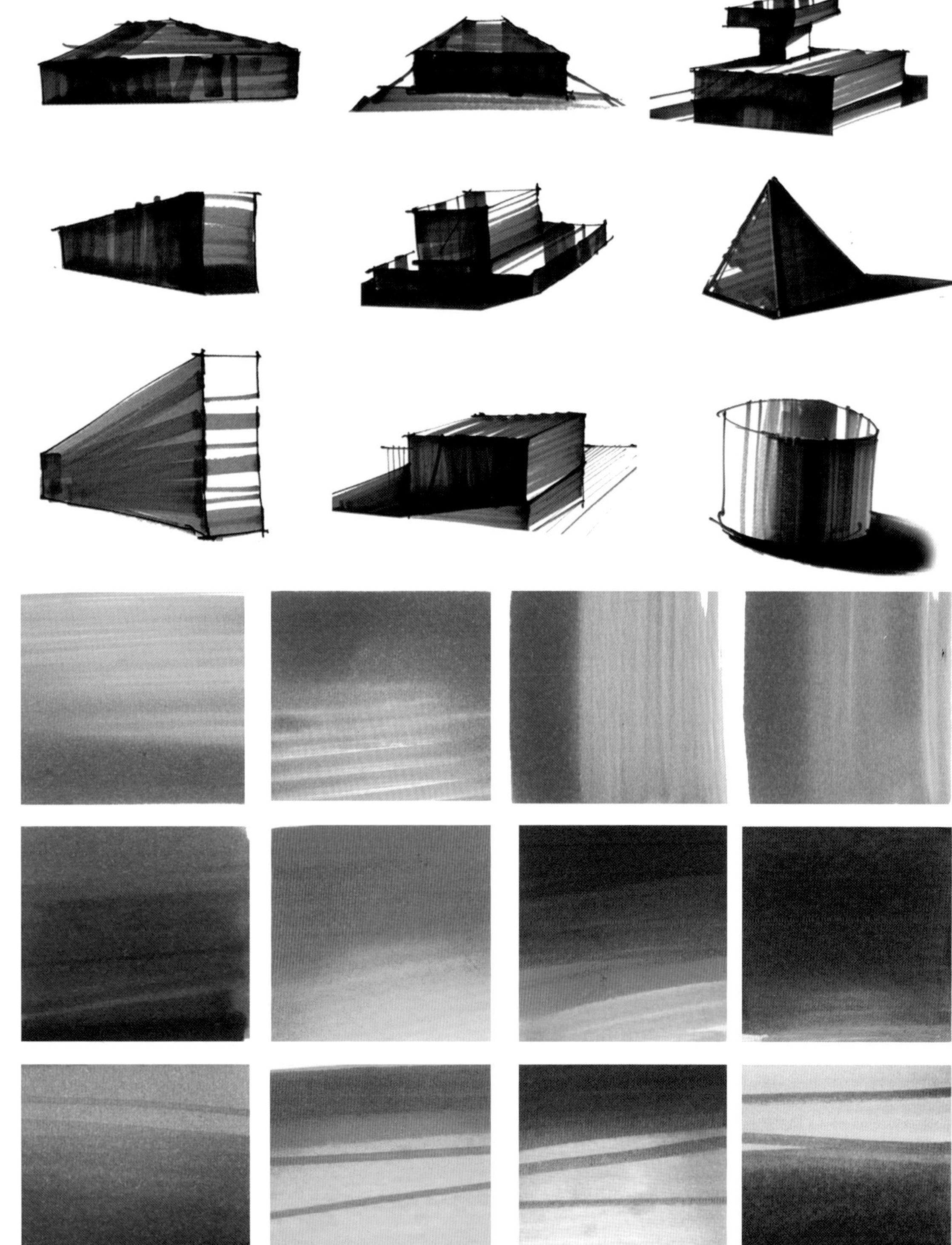

3.2.3 马克笔干接湿接技法

A 单色过渡技法

B 面的湿接技法

C 面的干接技法

3.3 辅助工具的使用

3.3.1 修改液性能及使用方法

修改液有极强的覆盖能力，在马克笔技法表现中常用于对画面细节进行修改。第一通过修改液的提白，可以在表面重复更改马克笔的色彩，使颜色更加丰富，层次更加明确。第二是在受光面点缀高光，营造极强的光感。

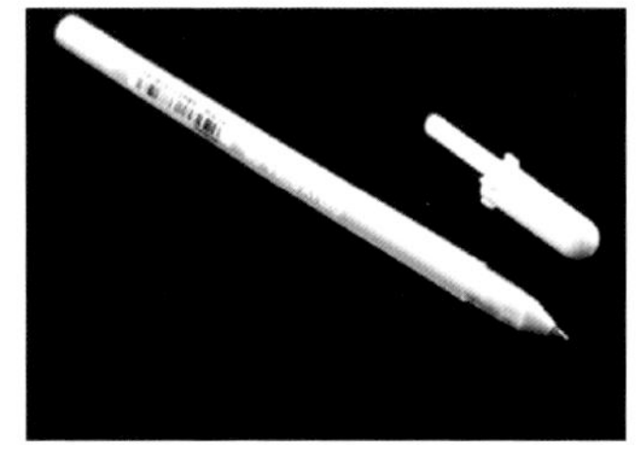

3.3.2 高光笔性能及使用方法

高光笔又称勾线笔，由于其笔头极细，又有较强的覆盖能力，可以轻松勾画物体细节。在细节刻画方面可以结合直尺让画面细节更生动。

3.3.3 油漆笔笔性能及使用方法

油漆笔具有半透明的覆盖效果，笔头相比修改液更细。在色彩的修改力方面，由于半透明的性能，即使不重复叠加色彩，也能达到丰富画面层次的效果。在细节刻画方面比修改液更加细腻。

3.4 彩铅的性能

3.4.1 铅笔属性

彩铅笔头细小，刻画力强，能反复雕琢。色彩的变化与过渡很好控制，画暗部应一步到位，忌反复上色，否则会导致暗部油腻不透气。

A 明度纯度变化易控性

彩铅的明度由力度与遍数控制，画浅色调时需轻松用笔，浓墨重彩的效果增加力度与遍数。

B 易修改性

具备铅笔属性，所以可以擦拭与修改，可以降低初学者的难度，门槛较低。

C 柔和细腻性

由于彩铅的笔头可以削得很细，所以在刻画细节方面具备先天优势，能将物体的材质属性刻画细致。

3.4.2 铅笔笔触技法

A 用力加强，色彩明度减弱、纯度增强

B 水溶性彩铅在加水调和后色彩更加柔和，过渡更加自然

C 平行线、交叉线、自由曲线的色彩过渡技法

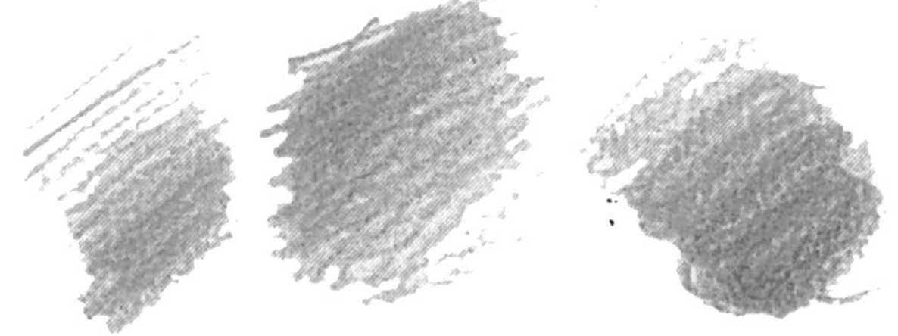

D 不同色彩笔触之间通过力度的改变轻松过渡或进行色彩的叠加

3.5 马克笔笔触常见问题

笔触没有秩序感 ▶

不同材质的表现需要用不同笔触和笔法组织来实现，马克笔笔触具有丰富的变化，在绘制过程中应该充分运用。

边界渗透 ▶

马克笔在边界停留时间过长容易出现渗透，小面积渗透时可以用更深的颜色压出形状。

不会留白 ▶

留白部分应该在物体的亮面，不应在暗面和投影中无意识留白，破坏了画面的整体感和光影效果。

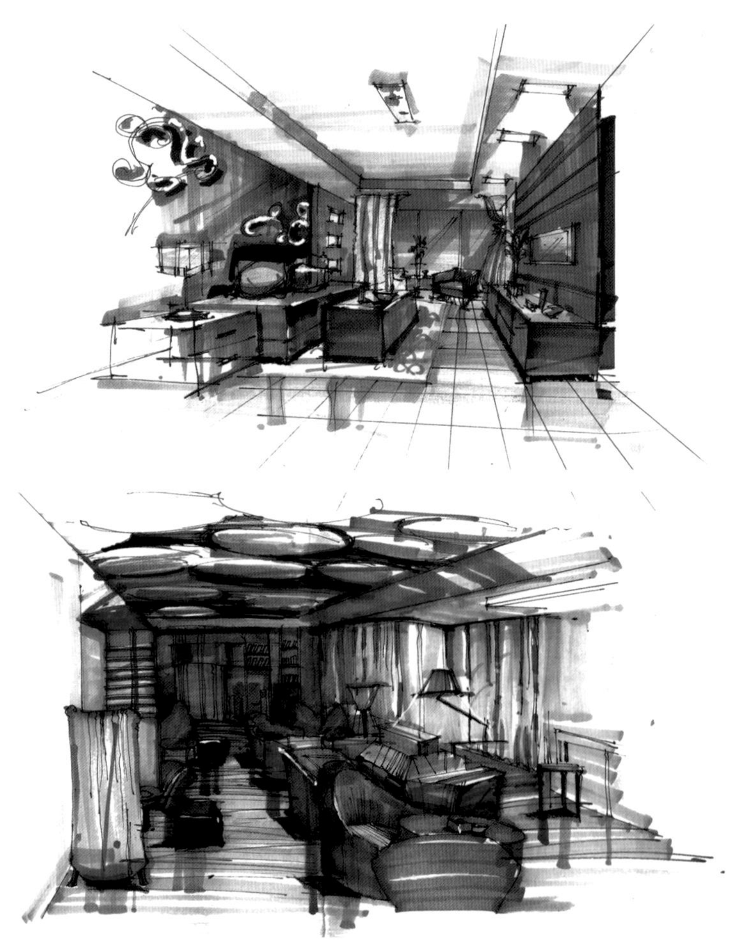

害怕快速画 ▶

由于马克笔不具有覆盖性，所以在上色的过程中是由浅到深的，速度越快颜色越浅。所以在画浅色时可快速大胆下笔，画深色时才需谨慎用笔。

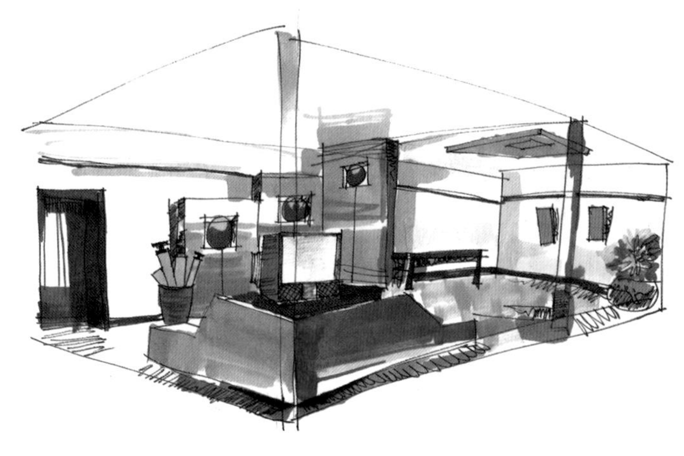

黑白灰关系弱 ▶

在落笔时就应该对黑白灰关系有一个预想，色彩受到色相的干扰有时难以区分出深浅，这时刻意把画画成黑白照片就能理解了，在绘制时需要考虑不同色块的明暗关系。

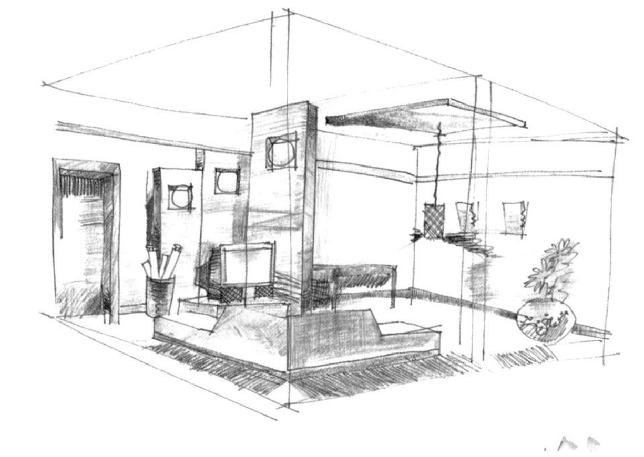

绘制形体时没有节奏意识 ▶

这里说的节奏是指点线面的节奏关系，一幅画面应是不同点线面的组合，可把植物看作亮面、暗面，水看作边界线、水纹线的组合来绘制。石块和睡莲可看作画面中的点来处理。

第四节 单体上色

4.1 平面图上色

选笔时确定主色调，做好明度区分和用色规划，先画浅色亮部，后画深色暗部，最后处理投影。强化场地边界、合理留白。

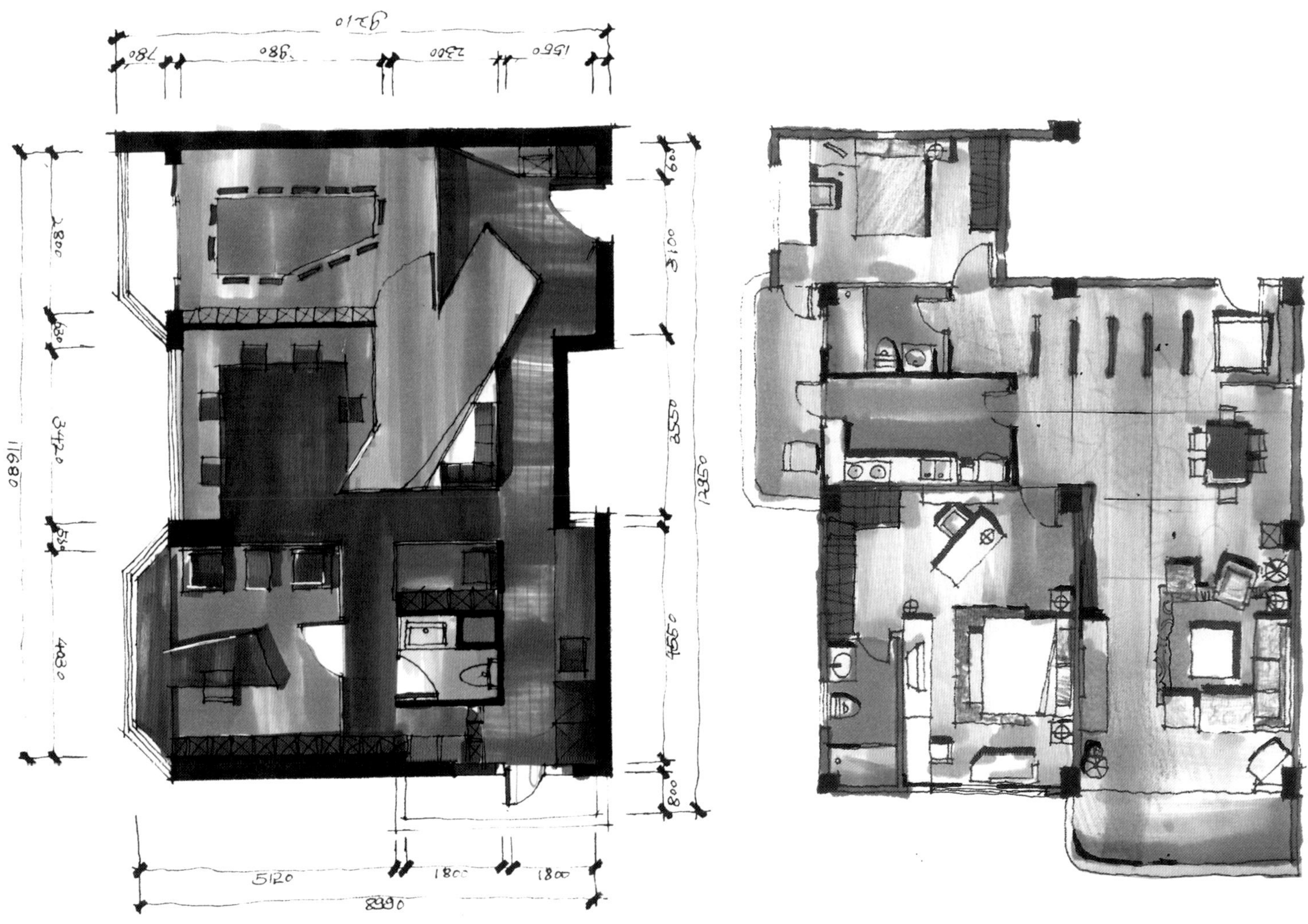
9210
780
980
2300
1550
2800
3420
4030
11680
5120
1800
1800
8990

4.2 沙发座椅单体上色（1）

选择三、四支具有明度渐变的同一色或邻近色的笔，绘制时把亮面、暗面、枝干分开，边界局部放松笔触，半透明油漆笔可以画高光和枝干形状，在硫酸纸、打印纸、宣纸等材料上色可形成不同效果。

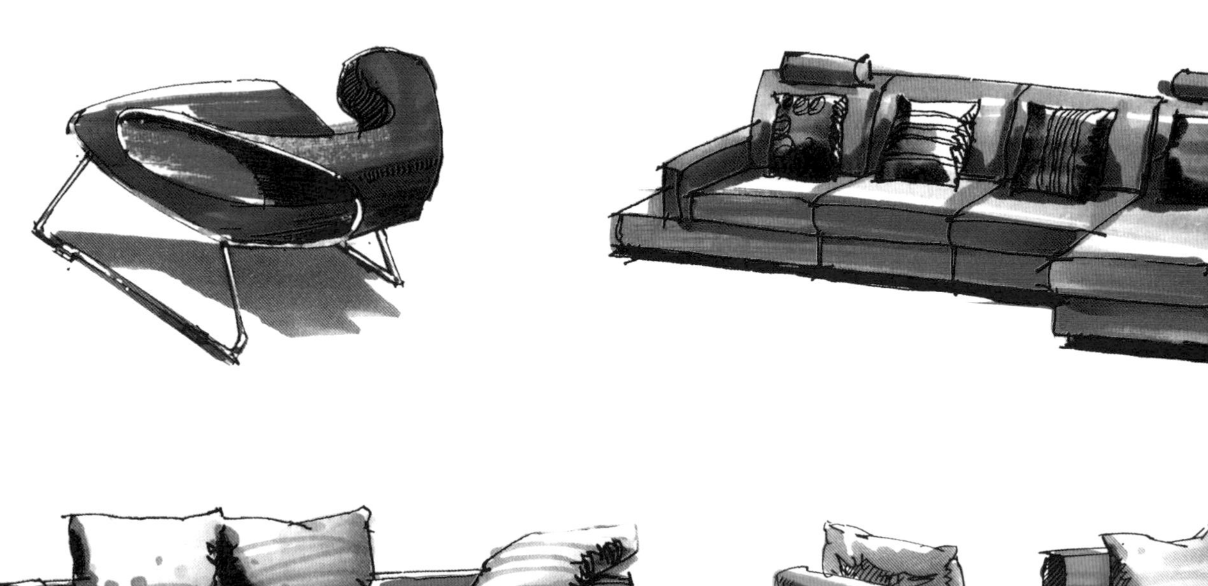

4.2 沙发座椅单体上色（2）

4.2 沙发座椅单体上色（3）

4.2 沙发座椅单体上色（4）

4.3 布艺上色

4.4 室内植物上色

硬质物体亮面快速带过，暗面和亮面应有强烈的区分，选择不同的色彩倾向加入，高光笔或油漆笔画出棱角感和细节。

4.5 室内灯具上色

4.6 室内日用品上色

4.7 室内饰品上色

4.8 室内收藏品上色

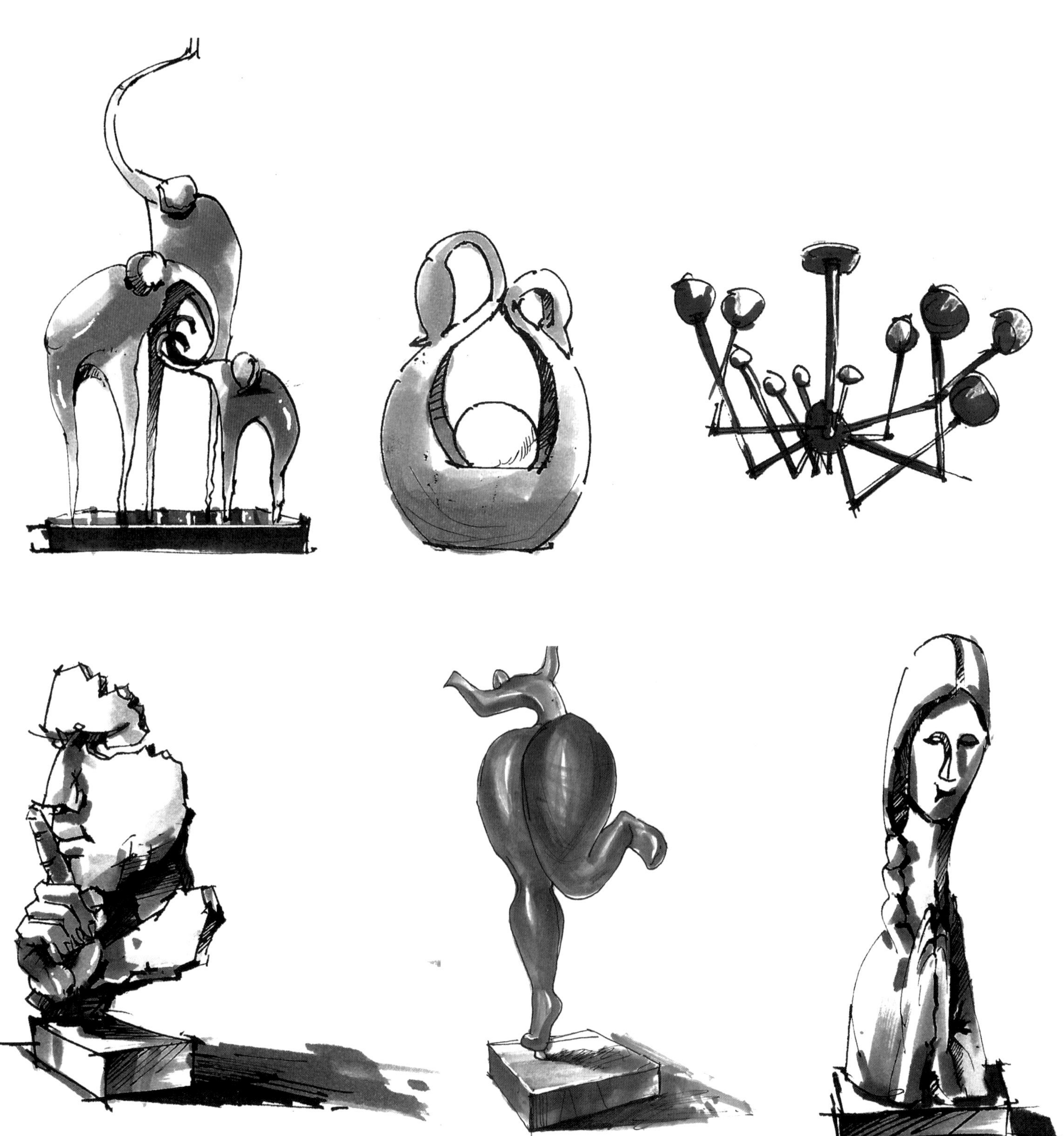

第五节 节点上色

5.1 客厅节点上色（1）

5.1 客厅节点上色（2）

5.2 餐厅节点上色（1）

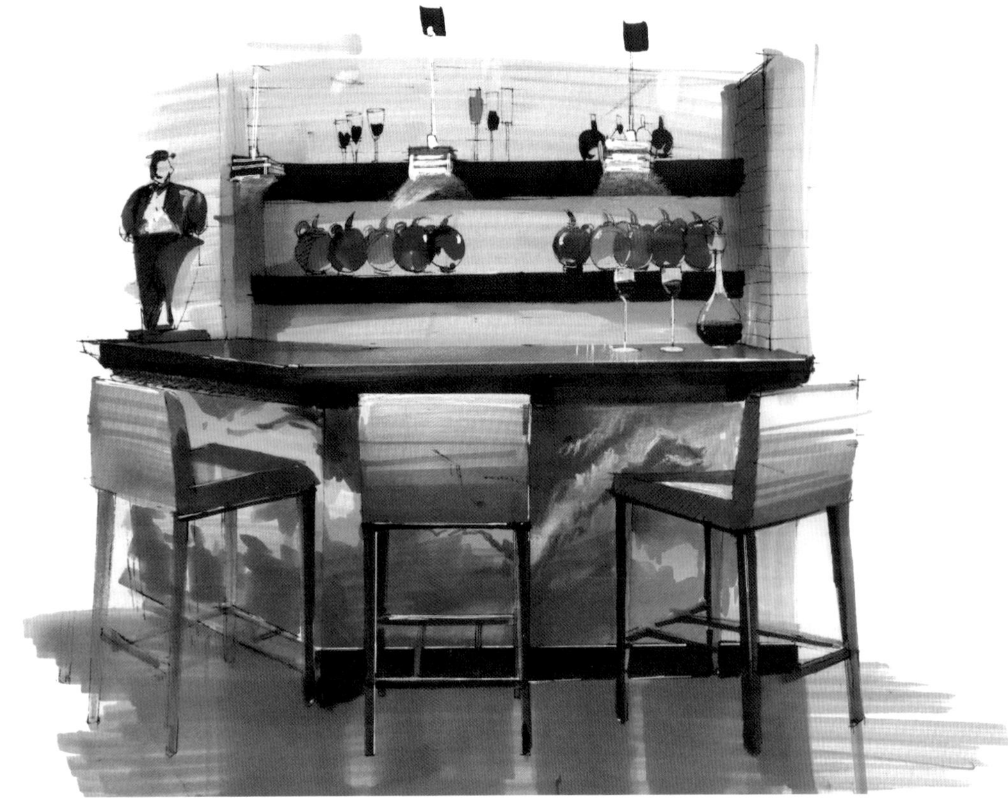

5.2 餐厅节点上色（2）

5.3 卧室节点上色

5.4 书房节点上色

第六节 步骤上色

马克笔上色步骤（1）

第一步：铺大色

根据所要绘制图的格调，进行内心配色。如蓝色是整个色调的主体色，就应合理安排蓝色在整个画面中的百分比、辅助色的百分比、各色彩的纯度与明度关系。在配色完成后，对整个画面的色调胸有成竹。先配色后上色对初学者而言尤为重要，否则无法驾驭整体色调。

第二步：光影效果

在整个画面的大色调铺设完毕之后，注重投影与物体形状的对应关系，并迅速将整个画面的光影关系建立起来，将画面的黑白灰关系拉开。这种从整体入手的绘制方式有利于初学者自信心的建立。

第三步：细节刻画

从画面主体物开始刻画，将物体的细节，肌理，材质等刻画到位，然后根据画面物体的主次关系逐一刻画。此过程注意画面节奏，避免平均对待而导致缺乏张力或节奏感。

第四步：调整

整个细节刻画完之后画面的主次关系、结构关系、光影关系会相对减弱，所以最后一步要有所取舍，保证整体关系，舍而有所得。

马克笔上色步骤（2）

第一步：铺大色

根据所要绘制图的格调，进行内心配色。如红色是整个色调的主体色，就应合理安排红色在整个画面中的百分比、辅助色的百分比、各色彩的纯度与明度关系。在配色完成后，对整个画面的色调胸有成竹。先配色后上色对初学者而言尤为重要，否则无法驾驭整体色调。

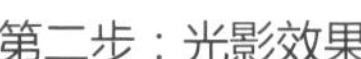

第二步：光影效果

在整个画面的大色调铺设完毕之后，注重投影与物体形状的对应关系，并迅速将整个画面的光影关系建立起来，将画面的黑白灰关系拉开。这种从整体入手的绘制方式有利于初学者自信心的建立。

七手绘

第三步：细节刻画

从画面主体物开始刻画，将物体的细节，肌理，材质等刻画到位，然后根据画面物体的主次关系逐一刻画。此过程注意画面节奏，避免平均对待而导致缺乏张力与节奏感。

第四步：调整

整个细节刻画完之后画面的主次关系、结构关系、光影关系会相对减弱，所以最后一步要有所取舍，保证整体关系，舍而有所得。

马克笔上色步骤（3）

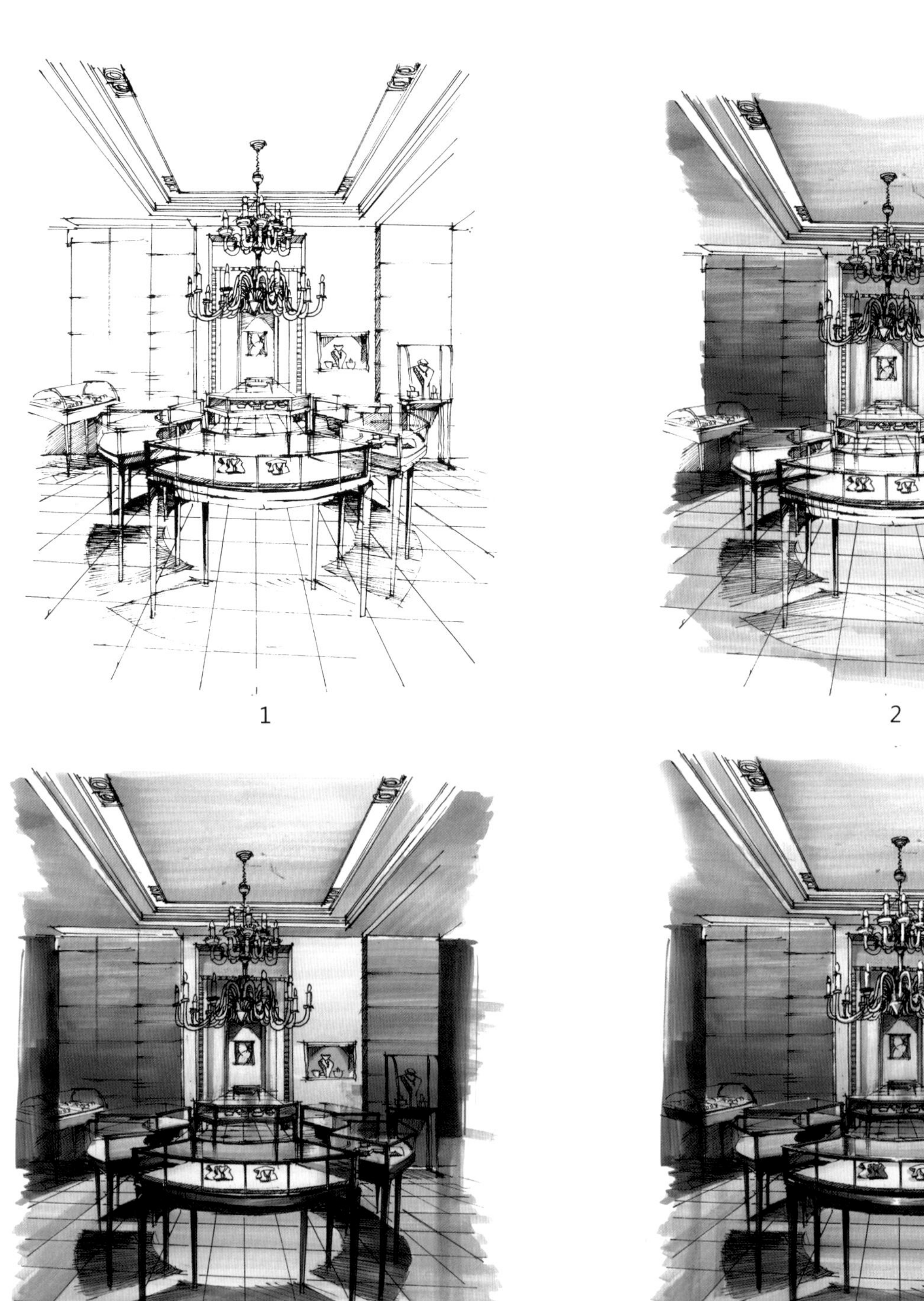

1

2

3

4

马克笔上色步骤（4）

1

2

3

马克笔上色步骤（5）

1

2

3

马克笔上色步骤（6）

1

2

3

4

七手绘

马克笔上色步骤（7）

1

2

3

4

七手绘

马克笔上色步骤（8）

1

2

3

4

七手绘

马克笔上色步骤（9）

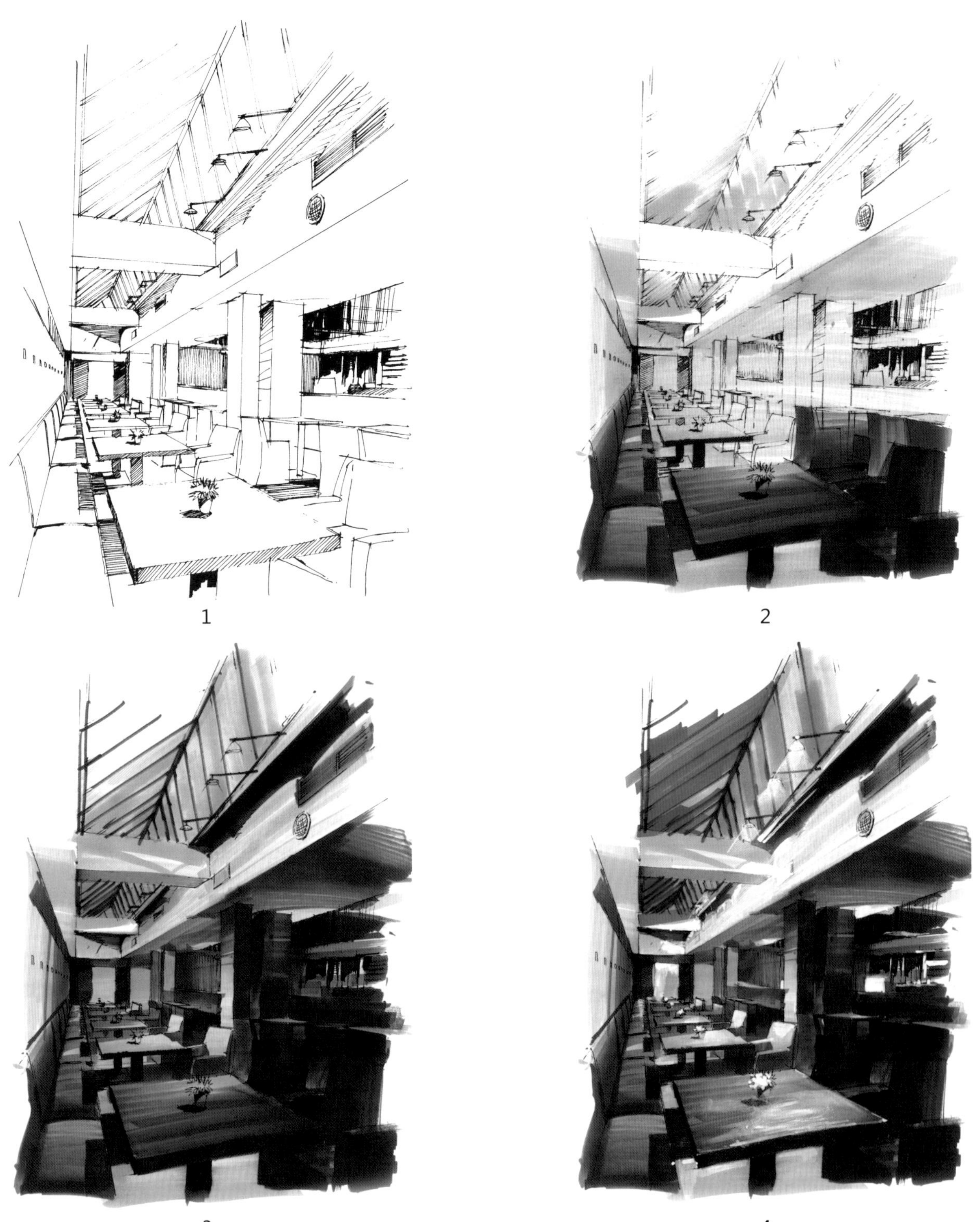

1　2　3　4

马克笔上色步骤（10）

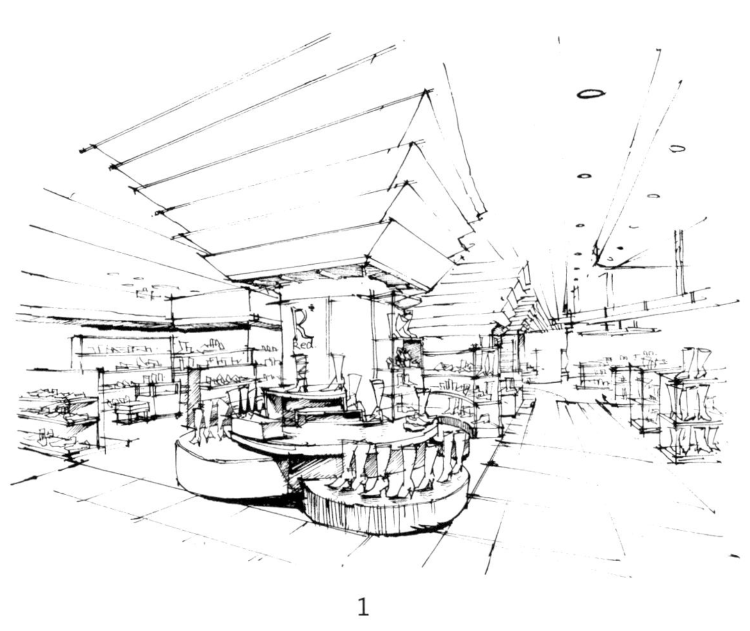

1

2

3

4

R
Red.

马克笔上色步骤（11）

1

2

3

4

马克笔上色步骤（12）

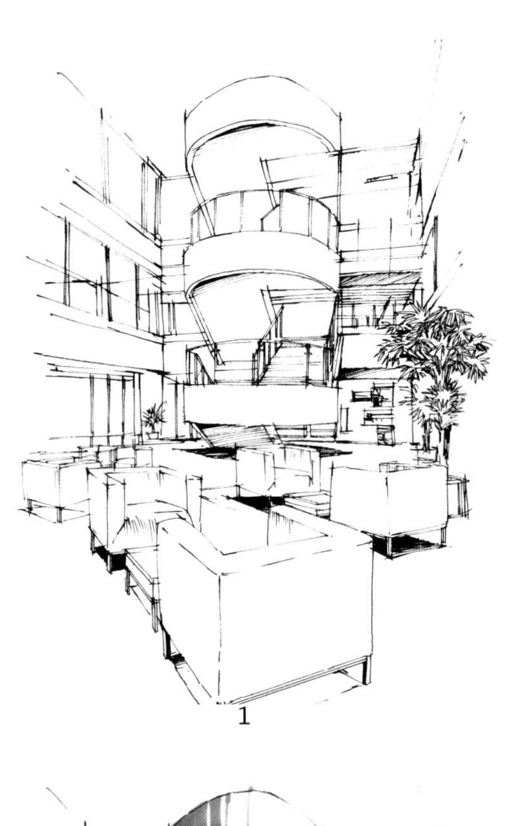
1

2

3

4

马克笔上色步骤（13）

1

3

2

4

七手绘

马克笔上色步骤（14）

1

2

3

4

第七节 作品赏析

餐厅：

此作品通过晕染的方法快速掌握整体色调，边界处理生动自然，室内灯光刻画细致，温馨舒适。

使用工具： AD 马克笔、 高光笔、彩铅、修正液。

居室客厅：

此作品通过晕染的方法快速掌握整体色调，前方的座椅刻画精致，有效地强调前后空间感。

使用工具：AD 马克笔、高光笔、油漆笔、彩铅、修正液。

居室客厅：

作品通过勾线笔与油漆笔的结合将室内明亮的光感体现得淋漓尽致，色彩浓艳，强烈的室内光感，别具一格。

使用工具：AD 马克笔、彩铅、修正液、油漆笔。

酒店大堂：

高纯度黄色和强烈的明度对比共同营造了此酒店大堂金碧辉煌的氛围，光感强烈，让人情绪高涨。

使用工具：马克笔、彩铅、修正液、油漆笔。

中式客厅：

作品最大的亮点来自对室内顶光的处理，灰色调符合了中式室内的色彩特点，前后空间色彩的对比明确，增强了室内的空间虚实关系。修改液与油漆笔的配合为画面锦上添花。

使用工具：AD 马克笔、修正液、油漆笔。

简欧卧室：

本作品用色简练，概括。画面明暗对比强烈，对床单的刻画生动形象，通过对马克笔笔头的控制，表现了布褶光影的明暗变化，同时也将布艺柔软的质感表达了出来。

使用工具： 马克笔、硫酸纸、修正液。

简欧客厅：

本作品用笔熟练，通过简单的几支马克笔的颜色选择就将单体的明暗表现了出来，是马克笔技法高度集中的佳作。

使用工具：马克笔、油漆笔、彩铅。

东南亚风格客厅：

本作品色调统一，光线柔和，室内空间虚实表达明确，在细节的刻画上运用勾线笔、彩铅高光笔等得力工具做配合，烘托了室内空间的整体氛围。

使用工具： 马克笔、修改液、彩铅。

七手绘

地中海风格客厅：

作品用色大胆，用笔肯定，整体的冷色调营造出了浓郁的地中海风情。

使用工具：马克笔、油漆笔。

办公楼大厅：

本作品上色部分较少，大面积的留白和秩序感强烈的投影使得整个空间明亮通透。

使用工具： 马克笔、高光笔。

卧室：

光感到位，马克笔用色肯定，单体家具不同方向的用笔丰富了画面的笔触感，加之光影的营造，让画面栩栩如生。

使用工具：马克笔、修改液、彩铅。

儿童卧室：

玩具熊的出现，给画面增加了故事感，玩完过后的孩子爽朗的笑声似乎还在卧室空间里回荡，马克笔下颜色也越发地给故事增加了些许色彩。

使用工具：马克笔、油漆笔。

简欧卧室：

室内台灯的光影，丰富了画面的整体表现，整体颜色的选择更加纯粹，红色的低柜，顿时活跃了画面色彩。

使用工具：马克笔、修改液、彩铅。

中式卧室：

本作品材质刻画深入，尤其对地面的刻画，从马克笔的用笔，技法的结合，到反光的控制都很到位，不失为一张材质刻画深入表现的佳作。

使用工具： 马克笔、油漆笔。

餐厅一角：

本作品用色大胆放松，笔触简练概括，明暗对比强烈。前面沙发的色彩控制到位，尤其对布褶的刻画配合油漆笔更加自然生动。

使用工具： 马克笔、修改液。

卧室：

轻快的用笔用色，再加上线稿的结合，让轻盈的布褶跃然纸上。

使用工具： 马克笔、油漆笔。

酒店客房：

本作品用色简练，概括。画面明暗对比强烈，通过对马克笔笔头的控制，表现了布褶光影的明暗变化，墙面肌理的点线面构成和明度渐变处理得当。

使用工具：马克笔、高光笔。

接待大堂：

本作品是棕黄色调，用色纯度较低，用笔肯定利索，吊顶的木材质更加烘托了整个空间的轻松氛围。

使用工具： 马克笔。

养生馆：

整体空间的明暗对比强烈，材质的刻画深入，尤其作者对笔触的快速衔接把控很到位。

使用工具：马克笔、修改液、彩铅。

商业店面：

本作品用色浓重，颇有油画的感觉。对空间色彩光线的控制及其到位，马克笔跟其他特种画笔的配合技法娴熟。

使用工具： 马克笔、彩铅。

客厅一角：

强烈的明暗对比给空间的光感表现营造了很好的氛围。空间整体的色调浓重，光感表现到位，整个客厅空间充满了生活的气息。

使用工具：马克笔、修改液。

酒店大堂：

流畅的光束，跳跃的色彩，让画面整体自然生动。大面积的暗色加上点缀性的红色、黄色、绿色，丰富画面的同时不失统一。

使用工具： 马克笔、彩铅。

餐厅：

浓墨重彩是此作品的特色，马克笔的衔接过渡让空间色彩的变化自然轻松。作品的空间细节处理有松有紧。

使用工具：马克笔、修改液、彩铅。

办公空间：

跳跃的线条让空间充满了灵动的气息。重色块让画面更加稳重大气，全幅面灰色调颇有几分水墨淡彩的感觉。

使用工具： 马克笔、彩铅。

办公楼中庭：

画面笔触干净利落，一气呵成。画面在笔触的带动下更加增强了空间的透视感。

使用工具：马克笔、高光笔。

办公大厅：

明亮的光线洒入大厅，画面对光线的控制到位，画面整体的冷色调让画面更加爽朗通透。材质的刻画随着笔触越发生动自然。

使用工具：马克笔、高光笔、直尺。

咖啡馆前台：

冬日的暖阳照射进室内，室内昏暗的光线让空间的光感表达更加准确。暖洋洋的灯光充满了家的味道，营造了舒适惬意的生活情调。

使用工具：马克笔、修改液、彩铅。

餐厅一角：

作者对画面色彩与光线的把控细致到位，光线投射到台面的细节刻画光感柔和细腻。

使用工具：马克笔、油漆笔、彩铅。

展览卖场：

画面用笔肯定，简练的颜色搭配让画面更具韵味。

使用工具：马克笔、修改液、彩铅。

餐厅空间：

浓重的色彩，昏暗的灯光，画面营造出的独特氛围颇具诗意且有情调。画面强调了勾线笔的技法。增强了画面的灯光过渡。

使用工具： 马克笔、油漆笔、彩铅。

展览空间：

此作品概括的笔触、简洁的颜色让画面丰富的空间跃然纸上。在笔触的处理上简单大气。空间的整体虚实变化在颜色的衔接与变化中体现了出来。

使用工具：马克笔、修改液、油漆笔。

居室空间：

有时作画不必太过拘谨，就像此作品所表现的那样。给空间的表达留有余地，能更好地给人以空间上的遐想。

使用工具：马克笔、修正液。

度假村：

红绿蓝高纯度配色，表现热带地区出现的色彩感受，画面的轻松写意笔触增加了空间的灵动性，这正是我们马克笔表现的精华，让空间在表达情感的同时也丰富了空间的内容。

使用工具：马克笔、修改液、油漆笔、酒精。

度假村：

清澈的流水、湛蓝的天空、强烈的反光，一切都显得纯净透彻，流水的塑造生动活跃，垂直用笔表达发光材质技法娴熟。

使用工具：马克笔、油漆笔、高光笔、彩铅、酒精。

七手绘—中国反模式化手绘艺术教育首创品牌

编后语

感谢刘斯洲、常志宇等设计师为本套书提供不同风格的手绘作品。感谢费海玲、杜一鸣编辑为本套丛书的顺利出版提供的帮助与支持。希望本套丛书的面市能为更多的学生、设计师、手绘艺术爱好者提供良好的学习交流机会，同时期盼更多的人加入“七手绘”。本书历经四年的研究与总结，敬希广大读者对本书的不足之处不吝指教，在此谨对为本书提供帮助的朋友们表示诚挚的感谢。

官网：www.7shouhui.com

电话：010-56038965

邮箱：1934361720@qq.com

地址：北京市海淀区清华东路 35 号北京林业大学科技园 202 室